高等职业教育机电类专业系列教材

机电设备电气控制技术基础

主　编　商红桃　余　萍

副主编　帅　伟

参　编　朱茂余　何　倩　印　玲

主　审　范次猛

U0379019

西安电子科技大学出版社

内 容 简 介

　　本书以三项异步电动机的控制为主线，包含电机的使用与维修、电动机典型控制线路的安装与检修、常用典型机床电气控制线路的检修三大方面的内容。全书包含 13 个项目：三相异步电动机的使用与检修；控制电机的应用；常用低压电器的选用、拆装与维修；三相异步电动机单向起动控制线路的安装与检修；三相异步电动机正反转控制线路的安装与检修；三相异步电动机 Y-△降压起动控制线路的安装与检修；三相异步电动机制动控制线路的安装与检修；多速电动机控制线路的安装与检修；CA6140 型卧式车床电气控制线路的检修；M7120 型平面磨床电气控制线路的检修；Z3050 型摇臂钻床电气控制线路的检修；X62W 型卧式万能铣床电气控制线路的检修；T68 型镗床电气控制线路的检修。

　　全书以项目导向、任务驱动为编写原则，按照"学习目标＋项目描述＋知识链接"的模式组织内容，结合国家相关职业资格标准和规范进行编写，以任务引领的方式将相关知识点融入到各个项目中，使学生方便掌握必要的基本理论知识，强化专业技能。

　　本书可作为五年制高职、三年制高职高专院校以及成人教育学院和技师学院的机电类专业及相关专业的教材，也可供相关工程技术人员参考使用。

图书在版编目(CIP)数据

机电设备电气控制技术基础/商红桃，余萍主编. —西安：西安电子科技大学出版社，2018.10(2023.8 重印)
ISBN 978－7－5606－5026－5

Ⅰ. ① 机… Ⅱ. ① 商… ② 余… Ⅲ. ① 机电设备—电气控制
Ⅳ. ① TM921.5

中国版本图书馆 CIP 数据核字(2018)第 212134 号

策　　划　李惠萍　秦志峰
责任编辑　李惠萍
出版发行　西安电子科技大学出版社(西安市太白南路 2 号)
电　　话　(029)88202421　88201467　　　邮　　编　710071
网　　址　www.xduph.com　　　　　　电子邮箱　xdupfxb001@163.com
经　　销　新华书店
印刷单位　咸阳华盛印务有限责任公司
版　　次　2018 年 10 月第 1 版　2023 年 8 月第 5 次印刷
开　　本　787 毫米×1092 毫米　1/16　印张 15.25
字　　数　360 千字
印　　数　9501～11 500 册
定　　价　39.00 元
ISBN 978－7－5606－5026－5/TM

XDUP 5328001－5

　　＊＊＊如有印装问题可调换＊＊＊

前 言
Preface

　　本书根据五年制高等职业教育人才培养目标和教学课程标准，同时结合项目引领、任务驱动等教学方法的改革，以"做中学、学中做、学做一体、边学边做"为原则进行编写。全书采用工作任务引领的方式将相关知识点融入到工作项目中，其中基本理论以必需、够用为度，重点突出理论知识的应用和实践能力与职业素养的培养。

　　本书包含电机的使用与维修、电动机典型控制线路的安装与检修、常用典型机床电气控制线路的检修三大方面的内容。全书包含 13 个项目，每个项目由学习目标、项目描述、知识链接、提升练习、技能训练五个环节构成。教材围绕"分析—理解—应用"的主线逐级展开，力求深入浅出、通俗易懂，便于读者自学，特别解决了高职学生基础知识薄弱、学习本课程时感到枯燥乏味且又不易理解知识点的难题。

　　本书所含的 13 个项目为：三相异步电动机的使用与检修；控制电机的应用；常用低压电器的选用、拆装与维修；三相异步电动机单向起动控制线路的安装与检修；三相异步电动机正反转控制线路的安装与检修；三相异步电动机 Y -△降压起动控制线路的安装与检修；三相异步电动机制动控制线路的安装与检修；多速电动机控制线路的安装与检修；CA6140 型卧式车床电气控制线路的检修；M7120型平面磨床电气控制线路的检修；Z3050 型摇臂钻床电气控制线路的检修；X62W型卧式万能铣床电气控制线路的检修；T68 型镗床电气控制线路的检修。

　　在专业知识内容的讲解上，力求语言简练流畅、通俗易懂。本书建议学时为90～110 学时。

　　本书由常州刘国钧高等职业技术学校商红桃、余萍担任主编，负责制定编写大纲和最后的统稿；常州刘国钧高等职业技术学校帅伟担任副主编；江苏省宜兴中等专业学校朱茂余、常州铁道高等职业技术学校何倩和建东职业技术学院印玲参与编写。其中，项目 5、项目 6 和项目 9 由商红桃编写；项目 3 和项目 4 由余萍编写；项目 7 和项目 8 由帅伟编写；项目 1 和项目 2 由朱茂余编写；项目 10 和项目 11 由何倩编写；项目 12 和项目 13 由印玲编写。

江苏省无锡交通高等职业技术学校范次猛副教授担任本书的主审，对全部书稿进行了认真、仔细的阅读，提出了许多宝贵的意见，在此表示深深的谢意。

由于编者水平有限，书中难免有一些疏漏之处，敬请各位读者多提宝贵意见和建议。

编　者

2018 年 5 月

目 录
Contents

项目

三相异步电动机的使用与检修

【学习目标】

(1) 熟悉三相异步电动机的基本结构与工作原理。

(2) 了解三相异步电动机的机械特性。

(3) 掌握三相异步电动机的直接起动、调速、反转与制动的原理。

(4) 养成安全操作、规范操作和文明生产的职业素养。

【项目描述】

长期以来，三相异步电动机被广泛地应用于各种类型的工业控制中。作为一名即将成为相关行业的工程技术人员，熟悉和掌握三相异步电动机的结构、工作原理与基本控制原理等知识是完全有必要的。本项目就是从三相异步电动机认知、机械特性、运行原理等方面入手，简单而全面地剖析了三相异步电动机的原理、使用与检修。

【知识链接】

一、三相异步电动机的认知

（一）三相异步电动机的结构

三相异步电动机由两个基本部分组成，即定子和转子。按转子结构的不同，三相异步电动机分为笼型(鼠笼式)和绕线型转子异步电动机两大类。笼型异步电动机由于其具有结构简单、价格低廉、工作可靠、维护方便等优点，已成为生产中应用最广泛的一种电动机。

绕线型异步电动机由于其结构复杂、价格较高，因此一般只应用在对调速和起动性能要求较高的设备中，如桥式起重机。笼型和绕线型转子异步电动机的定子结构基本相同，所不同的只是转子部分。图1-1为三相笼型异步电动机的结构。

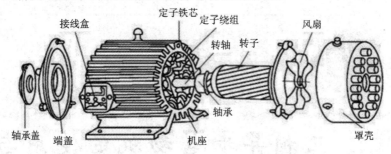

图1-1　三相笼型异步电动机的结构

1. 定子

三相异步电动机的定子由机座、定子铁芯以及定子绕组组成。

机座一般由铸铁制成，如图1-2所示。定子铁芯由冲有内向凹槽的硅钢片叠压而成，片与片之间涂有绝缘漆。定子铁芯冲片如图1-3所示。三相定子绕组由绝缘铜线或铝线绕制成三相对称的绕组，按一定的规则连接、嵌放在定子槽里。按照国家相关标准，三相定子绕组始端标以U1、V1、W1，末端标以U2、V2、W2，并将这六个接线端引出至接线盒。三相定子绕组可以接成星形或三角形，但必须视电源电压和绕组额定电压的情况而定。一般电源电压为380 V，如果电动机各相绕组的电压是220 V，则定子绕组必须接成星形；如果电动机各相绕组的电压是380 V，则定子绕组必须接成三角形。

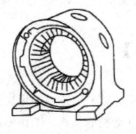

图1-2　机座

图1-3　定子铁芯冲片

2. 转子

转子部分由转子铁芯和转子绕组构成。

转子铁芯由相互绝缘的硅钢片叠压而成。转子铁芯冲片如图1-4所示。铁芯外圆冲有槽，槽内安装着转子绕组。根据转子绕组结构的不同，转子可分为两种形式：笼型转子和绕线型转子。

图1-4　转子铁芯冲片

1）笼型转子

笼型转子的绕组形式是在转子铁芯槽内放置铜条，一般为直条形式，铜条的两端用短路环焊接起来，如图1-5(a)所示，因整个绕组像个鼠笼，故称之为笼型(鼠笼式)转子。为了简化制造工艺，节省用铜，小容量异步电动机的笼型转子都是用熔化的铝直接浇铸在转子铁芯凹槽内的，称为铸铝转子，一般浇铸成斜条形式。在浇铸铝导条的同时，把转子的短路环和端部的冷却风扇也一起用铝铸成，整个铸铝绕组形式如图1-5(b)所示。

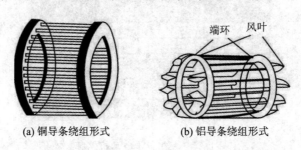

(a) 铜导条绕组形式　　　(b) 铝导条绕组形式

图1-5　笼型异步电动机的转子绕组形式

2）绕线型转子

绕线型转子绕组和定子绕组一样，也是一个用绝缘导线绕成的三相对称绕组，被嵌放在转子铁芯槽中，接成星形。绕线型绕组的三个出线端分别接在转轴端部的三个彼此绝缘的铜制滑环上。通过滑环与支持在端盖上的电刷构成滑动接触，从而把转子绕组的三个出线端引到机座上的接线盒内，以便与外部变阻器连接，故绕线型转子又称滑环式转子，其外形如图1-6所示。

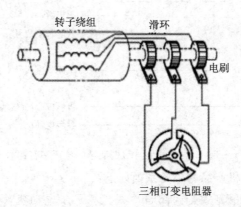

图1-6　绕线型异步电动机的转子

3. 气隙

异步电动机的气隙是均匀的。气隙的大小对电动机的性能影响很大。气隙越大则为建立磁场所需励磁电流就越大，电动机的功率因数也会因此降低；如果气隙太小，就会使加工和装配变得困难，运行时定子与转子之间也易发生扫膛。中小型异步电动机的气隙大小一般为 0.2～2.5 mm。

（二）铭牌

每台异步电动机的机座上都有一个铭牌，它显示的是电动机的型号、各种额定值和连接方式等信息，如图1-7所示。电动机按铭牌上的额定值和工作条件运行，称作额定运行状态。铭牌上的额定值及有关数据是人们正确选择、使用和检修电动机的依据。

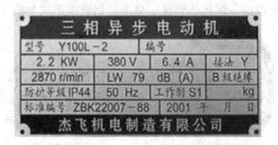

三相异步电动机			
型号 Y100L-2		编号	
2.2 KW	380 V	6.4 A	接法 Y
2870 r/min	LW 79	dB (A)	B级绝缘
防护等级IP44	50 Hz	工作制S1	kg
标准编号 ZBK22007-88		2001 年 月 日	
杰飞机电制造有限公司			

图1-7 三相异步电动机铭牌

1. 型号

异步电动机的型号主要包括产品代号、规格代号和特殊环境代号等。产品代号表示电机的类型，一般用大写印刷体的汉语拼音字母表示，如 Y 表示异步电动机；YR 表示绕线转子异步电动机等。规格代号由中心高、铁芯外径、机座号、机座长度、铁芯长度、功率、转速或极数组成。Y 系列异步电动机型号的各项字符的含义如图1-8所示。

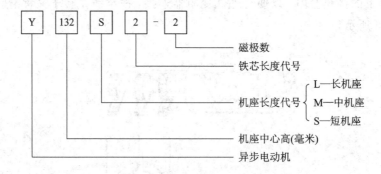

图1-8 Y系列异步电动机型号的各项字符的含义

我国生产的异步电动机产品的主要系列如下：

Y 系列为一般的小型鼠笼式全封闭自冷式三相异步电动机，主要用于金属切削机床、通用机械、矿山机械和农业机械等。

YD 系列是变极多速三相异步电动机。

YR 系列是三相绕线式异步电动机。

YZ 和 YZR 系列是供起重和冶金使用的三相异步电动机，其中 YZ 是鼠笼式，YZR 是绕线式。

YB 系列是防爆式鼠笼异步电动机。

YCT 系列是电磁调速异步电动机。

2. 额定值

额定值是电机制造厂对电机在额定工作条件下所规定的量值，主要包含以下内容：

(1) 额定功率 P_N。额定功率指电动机在额定运行条件下，即在额定电压、额定负载和规定冷却条件下运行时，轴上输出的机械功率，单位为 W 或 kW。

(2) 额定电压 U_N。额定电压指电动机额定运行状态时，定子绕组应加的线电压，单位为 V。

(3) 额定电流 I_N。额定电流指电动机在额定电压下运行，输出功率达到额定值，流入定子绕组的线电流，单位为 A。

对于三相异步电动机，其额定功率为

$$P_N = \sqrt{3}\,U_N I_N \eta_N \cos\varphi_N \qquad (1-1)$$

式中：η_N 是电动机的额定效率；$\cos\varphi_N$ 为电动机额定功率因素；U_N 的单位为 V；I_N 的单位为 A；P_N 的单位为 W。

(4) 额定频率 f_N。额定频率指电动机额定运行状态时，定子侧所加电源电压的频率。我国电网的频率规定为 50 Hz。

(5) 额定转速 n_N。额定转速指电动机在额定运行状况下电动机的转速，单位为 r/min。

3. 接线

在额定电压下运行时，电动机定子三相绕组的接线方式有星形连接和三角形连接两种，如图 1-9 所示。星形接线用"Y"表示；三角形接线用"△"表示。

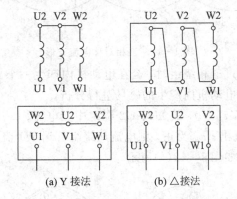

(a) Y 接法　　　　(b) △接法

图 1-9　三相异步电动机的接线方式

4. 防护等级

电动机外壳防护等级的标志，是以字母"IP"和其后面的两位数字表示的。"IP"为国际防护的缩写。IP 后面的第一位数字代表防尘等级，共分 0～6 七个等级。第二个数字代表防水等级，共分 0～8 九个等级。数字越大，表示防护的能力越强。

(三) 三相异步电动机的工作原理

1. 旋转磁场

1) 旋转磁场的产生

图 1-10 为三相异步电动机的定子绕组结构示意图。

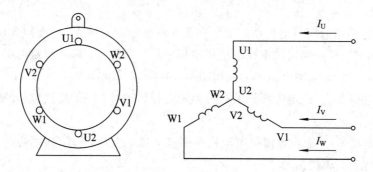

图 1-10　定子绕组结构

当三相对称的定子绕组外接三相对称的交流电源时，在三相绕组中将流过三相对称的电流。假设三相对称交流电流 i_U、i_V、i_W 的表达式如下：

$$i_U = I_m \sin\omega t$$

$$i_V = I_m \sin(\omega t - 120°)$$

$$i_W = I_m \sin(\omega t - 240°) = I_m \sin(\omega t + 120°)$$

则其波形如图 1-11 所示。

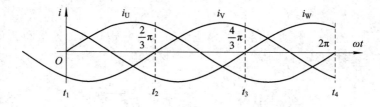

图 1-11　三相对称电流波形

三相对称交流电流流过三相绕组时，会在电动机内产生一个旋转磁场。下面对三相对称交流在几个特殊时刻在电动机内产生的磁场进行分析。

（1）在 $\omega t = 0$ 的瞬间，$i_U = 0$，故 U1、U2 绕组中无电流；i_V 为负，假定电流从绕组末端 V2 流入，从首端 V1 流出；i_W 为正，则电流从绕组首端 W1 流入，从末端 W2 流出。绕组中电流产生的合成磁场如图 1-12(a) 所示。

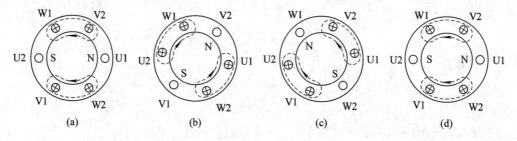

图 1-12　两极定子绕组的旋转磁场

（2）在 $\omega t = \dfrac{2\pi}{3}$ 的瞬间，i_V 为正，则电流从绕组首端 U1 流入，从末端 U2 流出。i_V 为负，电流从绕组末端 V2 流入，从首端 V1 流出。V_{i_W} 为负，电流从绕组末端 W2 流入，从首端 W1 流出。绕组中电流产生的合成磁场如图 1-12(b) 所示，合成磁场顺时针转过了 120°。

（3）在 ωt 依次为 $\dfrac{4\pi}{3}$、2π 的瞬间，继续按上述方法分析三相交流电在三相绕组中产生的合成磁场，分别可得图 1-12(c)、图 1-12(d)。观察这些合成磁场的图形，可知其分布规律．电流每变化一个周期，合成磁场便按逆时针方向旋转　周。

由上述分析可得在三相对称的定子绕组中，通入三相对称的交流电流，在电动机内将产生一个旋转磁场。

2）旋转磁场的方向

在图 1-12 中，三相交流电的相序为 U 相→V 相→W 相→U 相，且图中电动机的三相绕组结构为顺时针方向，据此分析，旋转磁场的方向也为顺时针方向。如果将三相交流电的相序变为 U 相→W 相→V 相→U 相，则旋转磁场的方向将变为逆时针方向。

由此可以得出结论：旋转磁场的旋转方向取决于通入定子绕组的三相电流的相序，且与三相交流电源的相序方向一致。只要任意调换电动机两相绕组所接交流电源的相序，旋转磁场就反向旋转。

3）旋转磁场的旋转速度

（1）磁极对数 $p=1$。

以上讨论的是 $p=1$ 时，即 2 极三相异步电动机定子绕组所产生的磁场。由分析可知，当三相交流电变化一周后（即每相经过 $360°$ 电角度），其所产生的旋转磁场也正好旋转一周。故在两极电动机中旋转磁场的速度等于三相交流电的变化速度，即 $n_1=60f_1=3000\ \text{r/min}$。

（2）磁极对数 $p=2$。

当 $p=2$ 时，$2p=4$，即此时的电动机为 4 极三相异步电动机。采用与前面相似的分析方法，可知当三相交流电变化一周（即每相经过 $360°$ 电角度）时，4 极电机的合成磁场只旋转了半周（即转过 $180°$ 机械角度），所以 4 极电机的旋转磁场的转速等于三相交流电的变化速度的一半，即 $n_1=\dfrac{60}{2}f_1=1500\ \text{r/min}$。

（3）p 对磁极。

同上的分析方法可知，p 对磁极时，旋转磁场的转速为

$$n_1=\frac{60f_1}{p} \tag{1-2}$$

式中：f_1 为交流电的频率，单位为 Hz，我国工频频率 $f_1=50\ \text{Hz}$；p 为电动机的磁极对数；n_1 为旋转磁场的转速，单位为 r/min。

把旋转磁场的转速 n_1 称为同步转速：

当 $p=1$ 时，$n_1=\dfrac{60f_1}{p}=\dfrac{60\times50}{1}=3000\ \text{r/min}$

当 $p=2$ 时，$n_1=\dfrac{60f_1}{p}=\dfrac{60\times50}{2}=1500\ \text{r/min}$

当 $p=3$ 时，$n_1=\dfrac{60f_1}{p}=\dfrac{60\times50}{3}=1000\ \text{r/min}$

当 $p=4$ 时，$n_1=\dfrac{60f_1}{p}=\dfrac{60\times50}{4}=750\ \text{r/min}$

……

可见，当频率一定，磁极对数一定时，同步转速为定值。

2．三相异步电动机的工作原理

1）异步电动机的旋转原理

图 1-13 为一台三相异步电动机的定子绕组布置结构示意图，图中，AX、BY、CZ 为定子的三相对称绕组，转子上的 8 个小圆圈表示自成闭合回路的转子导体。

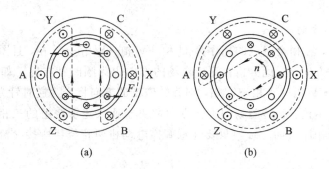

(a)　　　　　　　　　　(b)

图 1-13　三相异步电动机的定子绕组布置结构

（1）当在三相对称的定子绕组中通入三相对称的交流电流后，在电动机内将产生一个旋转磁场，转速为同步转速 n_1，方向为逆时针方向。

（2）旋转磁场切割转子导体，根据电磁感应定律，从而在转子导体中产生感应电动势。由于转子导体自成闭合回路，因此，该电动势将在转子导体中形成电流。其电动势、电流方向可用右手定则判定。

（3）依据电磁力定律，有电流流过的转子导体将在旋转磁场中受到电磁力 F 的作用，其方向可用左手定则判定。如图 1-13(b)中箭头所示，该电磁力 F 对转轴形成电磁转矩，带动异步电动机以转速 n 旋转。

由图 1-12 分析可知电动机转子的旋转方向与旋转磁场的旋转方向一致。因此，若要改变三相异步电动机的旋转方向，只需改变旋转磁场的转向即可，即只需改变三相电源的相序，方法是：只要任意调换电动机两相绕组与交流电源的接线，旋转磁场即可反向旋转，电动机也即反向旋转。

2）转差率 s

电动机转子的旋转方向虽然与旋转磁场的旋转方向一致，但转子的转速一定小于旋转磁场的同步转速 n_1。这是因为假设转子转速与旋转磁场转速相等，则转子导体与旋转磁场就是同转速同方向，它们之间无相对运动，转子导体中就不再产生感应电动势和电流，电磁力 F 将为零，转子就将减速。由此可见，转子总是紧跟着旋转磁场以 $n<n_1$ 的转速运行，即转子转速与同步转速之间存在着差异，"异步"由此而来。因此这种交流电动机被称作"异步"电动机。又因为异步电动机的转子电流是由电磁感应而产生的，故又将其称为"感应"电动机。

人们把异步电动机旋转磁场的转速，即同步转速 n_1 与电动机转速 n 之差称为转速差；把转速差与旋转磁场转速 n_1 之比称为异步电动机的转差率，用 s 表示，即：

$$s=\frac{n_1-n}{n_1}$$

（1-3）

转差率是异步电动机特性的一个重要参数。

当转子静止时，$n = 0$，则 $s = 1$。一般电动机刚开始起动的一瞬间或电动机被堵转时，$n = 0$。

当转子转速等于同步转速时，$n = n_1$，则 $s = 0$。

电动机在正常状态下运行时，$0 < n < n_1$，则 $1 > s > 0$。

当异步电动机在额定状态下运行时，其额定转速 n_N 与同步转速 n_1 较为接近，额定转差率 s_N 较小，在 $0.02 \sim 0.06$ 之间。

当异步电动机空载运行时由于电动机只需克服空气阻力与摩擦阻力，故转速 n 与同步转速 n_1 相差甚微，转差率 s 很小，在 $0.004 \sim 0.007$ 之间。

例 1-1　已知 Y160M-4 三相交流异步电动机的额定转速 $n_N = 1440$ r/min，电源频率 $f_1 = 50$ Hz，求该电动机的同步转速 n_1 与额定转差率 s_N。

解　由式(1-2)可得同步转速为

$$n_1 = \frac{60 f_1}{p} = \frac{60 \times 50}{2} = 1500 \text{ r/min}$$

再由式(1-3)可得额定转差率为

$$s_N = \frac{n_1 - n_N}{n_1} = \frac{1500 - 1440}{1500} = 0.04$$

二、三相异步电动机的机械特性

（一）三相异步电动机的工作特性

三相异步电动机的工作特性是指在额定电压和额定频率下，电动机的转速 n（或转差率 s）、输出转矩 T_2、定子电流 I_1、效率 η 和功率因数 $\cos\varphi_1$ 与输出功率 P_2 之间的关系曲线。工作特性可以通过电动机直接加负载试验得到，或者通过分析计算得到。如图 1-14 所示为三相异步电动机的工作特性曲线。

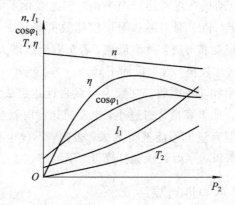

图 1-14　三相异步电动机的工作特性曲线

1. 转速特性 $n = f(P_2)$

因为 $n = (1-s)n_1$，电机空载时，负载转矩小，转子转速 n 接近同步转速 n_1，s 很小。随着负载的增加，转速 n 略有下降，s 略微上升，这时转子感应电动势增大，转子电流增大，从而产生更大的电磁转矩，并与负载相平衡。因此，随着输出功率 P_2 的增加，转速特性是一条略微下降的曲线。一般异步电动机在额定负载时的转差率 s_N 为 $0.01 \sim 0.05$，小数字对应大电机。

2. 转矩特性 $T_2 = f(P_2)$

三相异步电动机的输出转矩公式如下：

$$T_2 = \frac{P_2}{\Omega} = \frac{P_2}{2\pi \dfrac{n}{60}} \tag{1-4}$$

空载时，$P_2 = 0$，转子电流 $I_2 = 0$，$T_2 = 0$；负载时，随着输出功率 P_2 的增加，转速略有下降，故由式(1-4)可知，T_2 的上升速度略快于 P_2 的上升速度，故 $T_2 = f(P_2)$ 为一条经过原点稍向上翘的曲线。由于从空载到满载，电动机转速 n 变化很小，故 $T_2 = f(P_2)$ 可近似看成是一条直线。

3. 定子电流特性 $I_1 = f(P_2)$

空载时，没有能量传递给负载，电动机的转子电流很小，定子电流 $I_1 = 0$。负载时，随着输出功率 P_2 的增加，转子电流加大，于是定子电流 I_1 也随之增大，所以 I_1 随 P_2 的增大而增大。

4. 功率因数特性 $\cos\varphi_1 = f(P_2)$

三相异步电动机对电源来说，相当于一个感性阻抗，因此其功率因数总是滞后的，运行时则必须从电网吸取感性无功功率，且 $\cos\varphi_1 < 1$。空载时，定子电流几乎全部是无功的磁化电流，因此 $\cos\varphi_1$ 很低，通常小于 0.2；随着负载的增加，定子电流中的有功分量增加，功率因数提高，在接近额定负载时，功率因数最高。负载再增大，由于转速降低，转差率 s 增大，$\cos\varphi_1$ 反而减小。

5. 效率特性 $\eta = f(P_2)$

根据式(1-4)可知，电动机空载时 $P_2 = 0$，$\eta = 0$；带负载运行时，随着输出功率 P_2 的增加，效率 η 也在增加，电动机在正常运行范围内，转速变化不大。因此铁损耗和机械损耗可认为是不变损耗，而定、转子铜损耗和附加损耗随负载而变，称为可变损耗。当负载增大到使可变损耗与不变损耗相等时，效率最高，若负载继续增大，因负载大，定、转子电流也增大，所以可变损耗增加较快，效率反而下降。

由于异步电动机的效率和功率因数都在额定负载附近达到最大值，因此选电动机应使电动机容量与负载相匹配。如果容量选得过小，电动机运行时就会过载，其温升就会过高，影响寿命甚至损坏电机。但容量也不能选得太大，否则，不仅电机价格较高，而且电机长期在低负载下运行，其效率和功率因数就会都降低，不经济。

（二）三相异步电动机的机械特性

三相异步电动机的机械特性是指电动机的转速 n 与电磁转矩 T 之间的关系，即 $n = f(T)$。

因为异步电动机的转速 n 与转差率 s 之间存在一定的关系，所以异步电动机的机械特性通常也用 $T = f(s)$ 的形式表示。

三相异步电动机的机械特性曲线如图 1-15 所示。

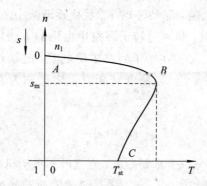

图1-15　三相异步电动机的机械特性

现分析如下：

1. 几个特殊转矩

1）额定转矩 T_N

电动机在额定负载下稳定运行时的输出转矩称为额定转矩 T_N，对应的转速称为额定转速 n_N，转差率为额定转差率 s_N。由于电动机稳定运行时，$T=T_1=T_2+T_0$，空载转 T_0 一般很小，常可忽略不计，所以电动机的额定转矩可以根据铭牌上的额定转速和额定功率按下式求出：

$$T_N=\frac{P_N}{\Omega_N}=\frac{P_N}{\frac{2\pi n_N}{60}}=9.55\frac{P_N}{n_N} \tag{1-5}$$

式中，P_N 的单位为 W，n_N 的单位为 r/min，T_N 的单位为 N·m。

2）最大转矩 T_{max}

最大转矩 T_{max} 是电动机运行时所产生的电磁转矩的最大值，此时的转差率称为临界转差率，用 s_m 表示。

分析可知最大转矩 T_{max} 与 U_1^2 成正比，而 s_m 与 U_1 无关；最大转矩 T_{max} 与转子回路总电阻无关，但 s_m 与转子回路总电阻成正比。

最大转矩对电动机来说具有重要意义。电动机运行时，若负载转矩短时间内突然增大，且大于最大电磁转矩，则电动机将因为承载不了而停转。为了保证电动机不会因为短时过载而停转，一般电动机都具有一定的过载能力。显然，电动机的最大转矩愈大，电动机短时过载能力愈强，因此把最大转矩 T_{max} 与额定转矩 T_N 之比称为过载能力，用 λ_T 表示，即

$$\lambda_T=\frac{T_{max}}{T_N} \tag{1-6}$$

λ_T 是表征电动机运行性能的重要参数，它反映了电动机短时过载能力的大小。一般电动机的过载能力 $\lambda_T=1.6\sim2.2$，起重、冶金机械专用电动机 $\lambda_T=2.2\sim2.8$。

3）起动转矩 T_{st}

起动转矩 T_{st} 是电动机接至电源开始起动瞬间的电磁转矩，即 $n=0$，$s=1$ 时的电磁转矩。起动转矩 T_{st} 也与 U_1^2 成正比，且在一定范围内增大转子回路电阻，起动转矩 T_{st} 随之

增大，之后再增大转子回路电阻，起动转矩 T_{st} 反而逐渐减小。

对于绕线转子异步电动机，可通过转子回路串电阻的方法增大起动转矩，改善起动性能。而对于笼型异步电动机，无法在转子回路中串电阻，起动转矩 T_{st} 大小在额定电压下是一个恒值，通常将起动转矩 T_{st} 与额定转矩 T_N 之比称为起动转矩倍数，也用 k_T 表示，即

$$k_T = \frac{T_{st}}{T_N} \qquad (1-7)$$

k_T 是表征异步电动机性能的另一个重要参数，它反映了电动机起动能力的大小。显然只有当起动转矩大于负载转矩，即 $T_{st} > T_2$ 时，电动机才能起动起来。一般笼型异步电动机的 $k_T = 1.0 \sim 2.0$，起重和冶金专用的笼型电动机的 $k_T = 2.8 \sim 4.0$。

2. 机械特性方程式

三相异步电动机的机械特性方程式可用三种形式表示，分别是物理表达式、参数表达式和实用表达式。因电动机参数未知，所以前两种在实际使用时有一定困难。下面介绍利用电动机的技术数据和铭牌数据求得的机械特性，即机械特性的实用表达式。

三相异步电动机机械特性的实用表达式如下：

$$T = \frac{2T_m}{\dfrac{s}{s_m} + \dfrac{s_m}{s}} \qquad (1-8)$$

式中，T_m、s_m 可由电动机的额定数据求得，因此在工程计算中式(1-8)是非常实用的机械特性表达式。下面介绍 T_m 和 s_m 的求法。由式(1-6)可得

$$T = \lambda_T T_N$$

T_N 可由式(1-5)求得。

电动机的额定转差率为

$$s_N = \frac{n_1 - n_N}{n_1}$$

当 $s = s_N$ 时，$T = T_N$，代入式(1-5)整理可得

$$s_m = s_N (\lambda_T - \sqrt{\lambda_T^2 - 1})$$

将求出的相应值代入式(1-8)便是已知的机械特性方程式。只要给定一系列的 s 值，便可求出相应的 T 值，即可画出机械特性曲线，如图1-15所示。

电动机起动时，只要起动转矩 T_{st} 大于负载转矩 T_2，电动机便转动起来。电磁转矩 T 的变化沿曲线 BC 段运行。随着转速的上升，BC 段中的 T 一直增大，所以转子一直被加速，使电动机很快越过 BC 段而进入 AB 段，在 AB 段随着转速上升，电磁转矩下降。当转速上升到某一定值时，电磁转矩 T 与负载转矩 T_2 相等。此时，转速不再上升，电动机就稳定运行在 AB 段，所以 BC 段是不稳定运行区，AB 段是稳定运行区。

3. 固有机械特性和人为机械特性

三相异步电动机的固有机械特性是指在额定电压及额定频率下，按规定的接线方式接线，定子及转子电路中不外接电阻或电抗时的机械特性。固有机械特性方程式可由上面介绍的方法求取。

三相异步电动机的人为机械特性是指人为地改变电源参数或电动机参数而得到的机械特性。下面介绍两种常用的人为机械特性。

1) 降低定子电压 U_1 时的人为特性

当定子电压由 U_1 降低时，电磁转矩 T_e（包括最大转矩 T_{max} 和起动转矩 T_{st}）与 U_1^2 成正比，s_m 和 n_1 则与 U_1 无关，其大小保持不变，所以可得降压时的人为特性如图 1-16 所示。

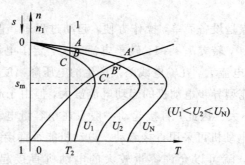

图 1-16　异步电动机降压时的人为特性图

可见，降低定子电压后，电动机的起动转矩倍数和过载能力均显著下降。如果电动机在额定负载下运行，U_1 降低后将导致 n 下降，s 增大，转子绕组切割磁力线的速度增加，转子电流增大，从而引起定子电流增大，导致电动机过载。如果电动机长期欠压过载运行，那么必然使电动机过热，使用寿命缩短。如果电压下降过多，可能出现最大转矩小于负载转矩的情况，电动机将停转。

2) 绕线转子异步电动机转子串接对称电阻时的人为特性

在绕线转子异步电动机的转子三相电路中，可以串接三相对称电阻，如图 1-17(a)所示。此时，T_{max} 和 n_1 不变，但 s_m 随外接电阻的增大而增大。其人为特性如图 1-17(b)所示。

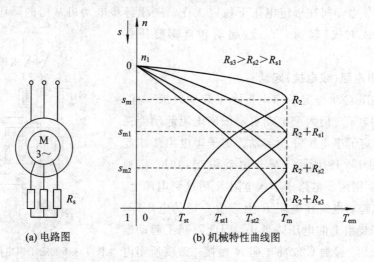

(a) 电路图　　　　　(b) 机械特性曲线图

图 1-17　绕线转子异步电动机转子串接电阻时的人为特性

可见，在一定范围内增加转子电阻，可以增大电动机的起动转矩。当转子串电阻使 $s_m=1$ 时，起动转矩等于最大转矩，可达到最大值，此时如果再增大转子电阻，那么起动转矩反而会减小。因此，转子回路串接对称电阻适用于绕线式异步电动机的起动和调速。

三、三相异步电动机的起动

（一）直接起动

电动机定子绕组直接接到具有额定电压的电网上的起动，称为直接起动，也称全压起动。

这种起动方法的优点是设备简单，操作方便，起动过程短。但异步电动机在直接起动的最初瞬间，其转速 $n=0$，转差率 $s=1$，转子电流较大，定子电流也较大，约为额定值的 4 倍～7 倍。电动机起动电流大，在输电线路上产生的电压降幅度也大，会影响同一电网上其他负载的正常工作。笼型异步电动机的起动电流虽大，但由于起动时转子回路的功率因数很低，故起动转矩并不大。因此，直接起动一般只在小容量电动机中使用，例如容量在 10 kW 以下的三相异步电动机可采用直接起动。电动机能否直接起动还要看电网容量的大小，如果电网容量很大，就可以允许容量较大的电动机直接起动。如果电动机满足式 (1-9) 的要求，则电动机可以直接起动，否则应采用降压的方法起动。

$$\frac{I_{st}}{I_N} \leqslant \frac{1}{4}\left(3 + \frac{S_N}{P_N}\right) \tag{1-9}$$

式中：I_{st} 为电动机的直接起动电流，单位为 A；I_N 为电动机的额定电流，单位为 A；S_N 为电网容量，单位为 kV·A；P_N 为电动机的额定功率，单位为 kW。

（二）笼型异步电动机的降压起动

降压起动的目的是限制起动电流。起动时，通过起动设备降低电动机定子绕组上的电压，使其小于额定电压，待电动机转速上升到一定数值时，再将电动机定子绕组接到额定电压上，从而使电动机在额定电压下稳定工作。三相异步电动机常用的降压起动方法有：定子串电阻（或电抗）起动、Y-△起动和自耦变压器起动等。

1. 定子串电阻（或电抗）起动

定子串电阻起动与定子串电抗降压起动效果一样，都能限制起动电流，但大型电动机定子串电阻起动能耗太大，多采用定子串电抗降压起动。定子串电阻降压起动接线图如图 1-18 所示。异步电动机起动时，接通 K1，断开 K2，则定子电路中串入电阻 R 后接到电源上。由于起动时，起动电流在电阻 R 上产生一定的电压降，使得加在定子绕组上的电压降低了，因此限制了起动电流。起动结束后，接通 K2，将电阻 R 短接。改变所串电阻 R 的大小可以将起动电流限制在允许的范围内。采用

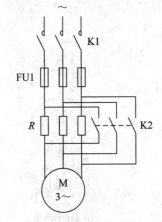

图 1-18　定子串电阻起动接线图

定子串电阻起动时，虽然降低了起动电流，但也使起动转矩大大减小。定子串电阻起动，只适用于轻载和空载起动。

2. Y-△起动

对于正常运行时定子绕组是三角形连接的三相异步电动机，起动时可以采用星形连接，使电动机每相绕组所承受的电压降低为 $U_{N1}/\sqrt{3}$，从而限制了起动电流，待电动机转速升高到一定值时，再将其改接成三角形连接，从而使电动机在全压下稳定运行，其接线图如图 1-19 所示。电动机三相定子绕组的 6 个出线端全部引出。起动时，先将控制开关 KM1、KM3 接通，将定子绕组接成星形。当转速上升到一定值后，再将 KM3 切换成 KM2 接通，电动机便接成三角形在全压下正常工作。

分析可知，Y-△起动时，电动机从电网上吸取的起动电流 $I_{st(Y)}$ 为直接起动时的起动电流 $I_{st(\triangle)}$ 的 $\dfrac{1}{3}$，即 $I_{st(Y)} = \dfrac{1}{3} I_{st(\triangle)}$。

起动转矩 $T_{st(Y)}$ 为直接起动时的起动转矩 $T_{st(\triangle)}$ 的 $\dfrac{1}{3}$，即 $T_{st(Y)} = \dfrac{1}{3} T_{st(\triangle)}$。

Y-△起动操作方便，起动设备简单，成本低，运行比较可靠，维护方便，因而应用较广，但它仅适用于正常运行时定子绕组是三角形连接的电动机。故 4 kW 内的一般用途的笼型异步电动机，设计时定子绕组都采用△接法。

3. 自耦变压器起动

自耦变压器起动是把交流电动机初级绕组先接在自耦变压器上作降压起动，以达到减小起动电流的目的，待电动机匀速上升到一定值时，再把自耦变压器切除，最后将电动机接到具有额定电压的电网上运行的起动方式。其原理接线图如图 1-20 所示。

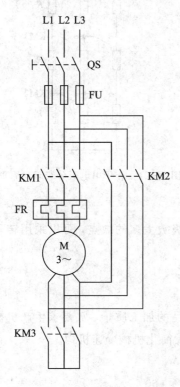

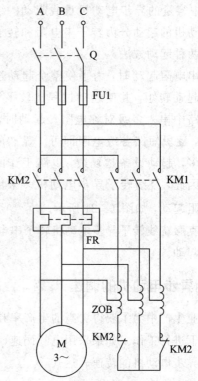

图 1-19　Y-△降压起动接线图　　　　图 1-20　自耦变压器起动原理接线图

起动时，先合上 KM1，自耦变压器二次侧接电网，二次侧接电动机定子绕组，实现降压起动。转速接近额定值时，将开关 KM1 断开，接通 KM2，切除自耦变压器，使电动机接入电网全压运行。

设自耦变压器的变比为 k，由分析可知，采用自耦变压器起动时，电动机从电网上吸取的起动电流 I'_{st}，是直接起动时的起动电流 I_{st} 的 $\frac{1}{k^2}$ 倍，即 $I'_{st} = \frac{1}{k^2} I_{st}$。

起动转矩 I'_{st} 为直接起动时的起动转矩 T_{st} 的 $\frac{1}{k^2}$ 倍，即 $T' = \frac{1}{k^2} T_{st}$。

（三）绕线转子异步电动机的起动

三相笼型异步电动机直接起动时，起动电流大，起动转矩不大，如果对起动电流降压，那么起动转矩就会随之减小，因此笼型异步电动机只能用于空载或轻载起动。

对于绕线转子异步电动机而言，若转子回路串入适当的电阻，则既能限制起动电流，又能增大起动转矩，同时也克服了笼型异步电动机起动电流大、起动转矩不大的缺点。这种起动方法适用于大、中容量的异步电动机重载起动。绕线转子异步电动机的起动分为转子串电阻和转子串频敏变阻器两种起动方法。

转子串电阻起动时，为了使整个起动过程得到较大的起动转矩，并使起动过程比较平滑，应在转子回路中串入多级对称电阻。起动时，随转速的升高，逐段短路各级电阻即可。显然所串电阻级数越多，起动设备越复杂，电路工作的可靠性越低。因此，绕线转子异步电动机多采用转子串三级电阻起动，如图 1-21 所示。

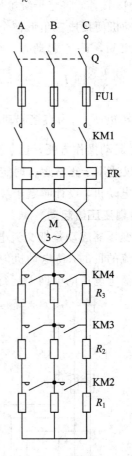

图 1-21　转子串电阻分级起动原理接线图

为了克服绕线转子异步电动机转子串电阻起动级数太多的缺点，可以采用转子串频敏变阻器来起动。

四、三相异步电动机的调速

在工业生产中为了获得更高的生产率和保证产品的加工质量，常要求生产机械能在不同的转速下进行工作。如果采用电气调速，就可大大简化机械变速机构。

根据异步电动机的转速表达式

$$n = (1-s)n_1 = (1-s)\frac{60 f_1}{p}$$

可知，异步电动机有三种调速方法：变极调速、变频调速和改变转差率调速。

1. 变极调速

在电源频率 f_1 一定的条件下，改变电动机的极对数，电动机的同步转速 n_1 就会发生变化。电动机的极对数每增加一倍，其同步转速就降低一半，电动机的转速也几乎降低一半，从而实现转速的调节。

改变电动机的极对数，可以在定子铁芯槽内嵌放两套不同极对数的定子三相绕组，但这种方法很不经济。通常利用改变定子绕组的接法来改变极对数，这种电动机被称为多速电动机。多速电动机均采用笼型转子，这是因为转子的极对数能自动地与定子极对数相适应。

下面以 4 极变 2 极为例，说明定子绕组的变极原理。图 1 - 22 为 4 极电机 a 相绕组的两个线圈，每个线圈代表 a 相绕组的一半，称为半相绕组。两个半相绕组顺向串联时，根据线圈中的电流方向，可以看出定子绕组产生 4 极磁场，即 $2p = 4$，磁场方向如图 1 - 22(a)所示。

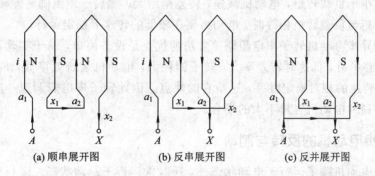

图 1 - 22　绕组变极原理

如果将两个半相绕组的连接方式改为图 1 - 22(b)或(c)所示的样子，即反相串联或反向并联，使其中的一个半相绕组的电流反向，那么这时定子绕组便产生 2 极磁场，$2p = 2$。由此可见，使定子每相的一半绕组中电流改变方向，就可以改变磁极对数，故这种方法称为电流反向变极法。

2. 变频调速

根据转速公式可知，当转差率 s 变化不大时，异步电动机的转速基本上与电源频率 f_1 成正比。连续调节电源频率，就可以平滑地改变电动机的转速。但是，单一地调节电源频率，将导致电动机运行性能的恶化，其原因分析如下：

电动机正常运行时，定子漏阻抗压降很小，可以认为

$$U_1 = 4.44 f_1 N_1 k_{w1} \Phi_0$$

式中：f_1 为电源频率；N_1 为每相定子绕组匝数；k_{w1} 为与定子结构有关的绕组系数，稍小于 1；Φ_0 为旋转磁场每极磁通，其值等于通过每相绕组的磁通最大值。

若端电压 U_1 不变，则当频率 f_1 减小时，主磁通 Φ_0 将增加。这将导致磁路过分饱和，励磁电流增大，功率因数降低，铁芯损耗增大。而当 f_1 增大时，Φ_0 将减小，电磁转矩及最大转矩下降，过载能力降低，电动机的容量也得不到充分利用。因此，为了使电动机能保

持较好的运行性能，要求在调节 f_1 的同时，改变定子电压 U_1，以维持 Φ_0 不变，或者保持电动机的过载能力不变。变频调速时若能保持 U_1/f_1＝恒值，则电动机的过载能力不变，同时能满足 Φ_0 不变的要求。

随着电力电子技术的发展，已出现了各种性能良好、工作可靠的变频调速电源装置，将促进变频调速的广泛应用。如果 f_1 是连续可调的，则变频调速是无级调速。

3. 改变转差率调速

改变转差率的调速方法有调压调速、绕线转子异步电动机转子串电阻调速、串级调速、电磁转差离合器调速等。这里仅介绍绕线转子异步电动机转子串电阻调速。

绕线转子异步电动机转子串联不同电阻时的人为特性如图 1-17 所示。从图反映的机械特性来看，改变转子串联电阻可以调节转速，且转子串联电阻越大，转速越低。因为改变转子串联电阻不影响同步转速，只改变转差率，所以属于改变转差率调速。

绕线转子异步电动机转子串电阻调速的物理过程可以这样理解：当电动机在某一转速下稳定运行时，由于转子串联电阻增大，必然引起转子电流减小，从而引起电磁转矩减小，使电动机转矩小于负载转矩，电动机减速，转差率增大。当转子电流随转差率增大而增大，达到电动机转矩与负载转矩相等时，电动机便在较低的转速下稳定运行。

绕线转子异步电动机转子串电阻调速方法的优点是设备简单，易于实现。但是这属于阶段调速，不够平滑，低速时转差率大，转子铜耗大，电动机运行效率低，机械特性变软；负载变化时，转速的相对稳定性差，这是它的缺点。因此转子串电阻调速一般只用在对调速性能要求不高和电动机容量不大的场合。

五、三相异步电动机的反转与制动

三相异步电动机除了运行于电动状态外，还时常运行于制动状态。运行于电动状态时，电磁转矩 T 与转速 n 方向相同，电磁转矩 T 是驱动转矩，电动机从电网吸收电能并转化成机械能从转轴上输出。运行于制动状态时，电磁转矩 T 与转速 n 方向相反，电磁转矩 T 是制动转矩，电动机从轴上吸收机械能并转化成电能，这些电能或消耗在电机内部，或反馈给电网。

异步电动机制动的目的是使电力拖动系统快速停机或使拖动系统尽快减速，对于位能性负载，制动运行可以获得稳定的下降速度。

异步电动机电气制动的方法有能耗制动、反接制动和回馈制动三种。

（一）能耗制动

异步电动机的能耗制动原理接线图如图 1-23(a) 所示。制动时，断开 QS，电动机将脱离三相交流电网，同时闭合 SA，在定子绕组中通入直流电流，于是定子绕组便产生了一个恒定的磁场。转子因机械惯性继续旋转并切割恒定磁场，这样一来转子导体中便产生感应电动势及感应电流。转子感应电流与恒定磁场作用产生的电磁转矩称为制动转矩，如图 1-23(b) 所示。在制动转矩作用下，电动机转速迅速下降。当电动机转速下降到零时，转子感应电动势和感应电流均为零，此时迅速断开 SA，通入定子绕组的直流电源即被断开，制动过程结束。制动期间，由于转子的动能转变为电能消耗在了转子回路的电阻上，故该制动被称为能耗制动。

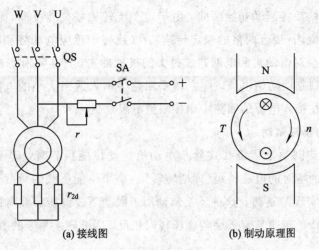

(a) 接线图　　　　　　　　(b) 制动原理图

图 1-23　三相异步电动机的能耗制动

（二）反接制动

当异步电动机的旋转方向与定子磁场的旋转方向相反时，电动机便处于反接制动状态。反接制动有两种情况，一是在电动状态下突然将电源两相反接，使定子旋转磁场反向，这种情况下的反接制动称为定子两相反接的反接制动；二是保持定子磁场的旋转方向不变，而转子在位能负载的倒拉作用下反转而实现的制动，称为倒拉反转的反接制动。

1. 定子两相反接的反接制动

设电动机原来运行于电动状态，当把定子任意两相绕组出线端对调时，由于改变了定子电压的相序，所以定子旋转磁场方向改变了，由原来的逆时针方向变为顺时针方向。与此同时，电磁转矩方向也随之改变，与转速方向相反，变为制动转矩。在电磁转矩与负载转矩共同作用下，电动机迅速减速。当电动机转速接近于零时，应把反相序电源切断，以防电动机反转。其原理电路如图 1-24 所示。

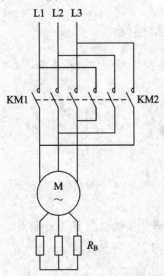

图 1-24　定子两相反接的反接制动原理电路

定子两相反接的反接制动初始瞬间，由于定子旋转磁场突然反向，使转子导体切割磁场的相对速度突然剧增（接近两倍的额定转速），以致转子感应电动势和电流将非常大，定子电流也很大。这会对电动机和电网造成过大的机械冲击，产生不利影响。因此对绕线式异步电动机，为限制制动初始电流，应在转子回路中串入适当大小的电阻；对于笼型异步电动机，制动时应在接入电源的回路中串接限流电阻。

2. 倒拉反转的反接制动

倒拉反转的反接制动是指绕线式异步电动机拖动位能负载时，转子回路串入较大电阻，使电动机转速为零时的电磁转矩（即堵转转矩）小于位能负载的负载转矩，电动机被负载拉着反向旋转而实现的制动。这种反接制动用于限制下放位能负载时的速度。电动机运行于反接制动时，转子转速与定子旋转磁场转向相反，因此转差率 s 的值如下：

$$s = \frac{-n_1 - n}{n} = \frac{n_1 + n}{n_1} > 1$$

（三）回馈制动

若电动机在电动状态运行时，由于某种原因，使电动机的转速超过了同步转速（转向不变），这时电动机便运行于回馈制动状态。要使电动机的转速超过同步转速（$n > n_1$），那么转子必须有外力矩的作用，即转轴上必须输入机械能。因此，回馈制动状态实际上就是将轴上的机械能转变成电能并回馈到电网的发电运行状态。在实际工作中，异步电动机的回馈制动有以下两种情况：一是在位能负载时，定子两相反接后电动机经反接制动、反向电动过渡到以一定速度下放负载的回馈制动状态；另一种则是电动机在变极或变频调速的过程中，产生的回馈制动。

异步电动机回馈制动时 $n > n_1$，因此转差率 $s = \frac{n_1 - n}{n_1} < 0$。

六、三相异步电动机常见故障检修

* 故障现象（一）：通电后电动机不转动，无异响，也无异味和冒烟。

故障原因：

（1）电源未通（至少两相未通）。

（2）熔丝熔断（至少两相熔断）。

（3）过流继电器调得过小。

（4）控制设备接线错误。

故障排除：

（1）检查电源回路开关，熔丝、接线盒处是否有断点。

（2）检查熔丝型号、熔断原因，换新熔丝。

（3）调节继电器整定值与电动机符合。

（4）改正接线。

- 故障现象（二）：通电后电动机不转动，然后熔丝烧断。

故障原因：

(1) 缺一相电源，或定子线圈一相反接。

(2) 定子绕组相间短路。

(3) 定子绕组接地。

(4) 定子绕组接线错误。

(5) 熔丝额定值过小。

(6) 电源线短路或接地。

故障排除：

(1) 检查电源接入开关是否有一相未接好，或电源回路是否有一相断线；消除反接故障。

(2) 查出短路点，予以修复。

(3) 消除接地。

(4) 查出误接，予以更正。

(5) 更换熔丝。

(6) 消除接地点。

- 故障现象（三）：通电后电动机不转，有嗡嗡声。

故障原因：

(1) 定子、转子绕组有断路(一相断线)或电源一相缺失。

(2) 绕组引出线始末端接错或绕组内部接反。

(3) 电源回路接点松动，接触电阻过大。

(4) 电动机负载过大或转子卡住。

(5) 电源电压过低。

(6) 小型电动机装配太紧或轴承卡住。

故障排除：

(1) 查明断点予以修复。

(2) 检查绕组极性；判断绕组末端是否正确。

(3) 紧固松动的接线螺丝，用万用表判断各接头是否误接，予以修复。

(4) 减载或查出并消除机械故障。

(5) 是否由于电源导线过细使压降过大，予以更正。

(6) 重新装配使之灵活；修复轴承。

- 故障现象（四）：电动机起动困难，额定负载时，电动机转速低于额定转速较多。

故障原因：

(1) 电源电压过低。

(2) "△"形接法电机误接为"Y"形。

(3) 笼型转子开焊或断裂。

(4) 定转子局部线圈接错、接反。

(5) 修复电机绕组时增加匝数过多。

(6) 电机过载。

故障排除：

(1) 测量电源电压，设法改善。

(2) 更正接法。

(3) 检查开焊或断点，予以修复。

(4) 查出误接处，予以更正。

(5) 恢复正确匝数。

(6) 减载。

• 故障现象（五）：电动机空载电流不平衡，三相相差大。

故障原因：

(1) 重绕时，定子三相绕组匝数不相等。

(2) 绕组首尾端接错。

(3) 电源电压不平衡。

(4) 绕组存在匝间短路、线圈反接等故障。

故障排除：

(1) 重新绕制定子绕组。

(2) 检查首尾端并纠正。

(3) 测量电源电压，设法消除不平衡。

(4) 消除绕组故障。

• 故障现象（六）：电动机空载或过载时，电流表指针不稳，摆动。

故障原因：

(1) 笼型转子导条开焊或断条。

(2) 绕线型转子故障有：一相断路或电刷、集电环短路装置接触不良。

故障排除：

(1) 查出断条予以修复或更换转子。

(2) 检查转子回路并予以修复。

• 故障现象（七）：电动机空载电流平衡，但数值大。

故障原因：

(1) 修复时，定子绕组匝数减少过多。

(2) 电源电压过高。

(3) "Y"形接法误接为"△"形接法。

(4) 电机装配中，转子装反，使定子铁芯未对齐，有效长度减短。

(5) 气隙过大或不均匀。

(6) 大修拆除旧绕组时，热拆法使用不当，使铁芯烧损。

故障排除：

(1) 重绕定子绕组，恢复正确匝数。

(2) 设法恢复额定电压。

(3) 改接为"Y"形。

(4) 重新装配。

（5）更换新的转子或调整气隙。

（6）检查铁芯或重新计算绕组，适当增加匝数。

· 故障现象（八）：电动机运行时声响不正常，有异响。

故障原因：

（1）转子与定子绝缘低或槽楔相擦。

（2）轴承磨损或油内有砂粒等异物。

（3）定转子铁芯松动。

（4）轴承缺油。

（5）风道填塞或风扇与风罩相擦。

（6）定转子铁芯相擦。

（7）电源电压过高或不平衡。

（8）定子绕组接错或短路。

故障排除：

（1）修剪绝缘，削低槽楔。

（2）更换或清洗轴承。

（3）检修定转子铁芯。

（4）加油。

（5）清理风道，重新安装。

（6）消除擦痕，必要时改用小转子。

（7）检查并调整电源电压。

（8）消除定子绕组故障。

· 故障现象（九）：电动机运行时振动较大。

故障原因：

（1）由于磨损，轴承间隙过大。

（2）气隙不均匀。

（3）转子不平衡。

（4）转轴弯曲。

（5）铁芯变形或松动。

（6）联轴器中心未校正。

（7）风扇不平衡。

（8）机壳或基础强度不够。

（9）电动机地脚螺丝松动。

（10）笼型转子开焊断路；绕线转子断路；定子绕组故障。

故障排除：

（1）检修轴承，必要时更换。

（2）调整气隙，使之均匀。

（3）校正转子动平衡。

（4）校直转轴。

(5) 校正重叠铁芯。

(6) 重新校正，使之符合规定。

(7) 检修风扇，校正平衡，纠正其几何形状。

(8) 进行加固。

(9) 紧固地脚螺丝。

(10) 修复转子绕组；修复定子绕组。

• 故障现象(十)：轴承过热。

故障原因：

(1) 滑脂过多或过少。

(2) 油质不好，含有杂质。

(3) 轴承与轴颈或端盖配合不当(过紧或过松)。

(4) 轴承内孔偏心，与轴相擦。

(5) 电动机端盖或轴承盖未装平。

(6) 电动机与负载之间的联轴器未校正，或皮带过紧。

(7) 轴承间隙过大或过小。

(8) 电动机轴弯曲。

故障排除：

(1) 按规定加润滑脂(容积的 1/3～2/3)。

(2) 更换清洁的润滑滑脂。

(3) 轴承过松可用黏结剂修复，过紧应使车磨轴颈或端盖内孔配合得当。

(4) 修理轴承盖，消除擦点。

(5) 重新装配。

(6) 重新校正，调整皮带张力。

(7) 更换新轴承。

(8) 校正电机轴或更换转子。

• 故障现象(十一)：电动机过热甚至冒烟。

故障原因：

(1) 电源电压过高，使铁芯发热大大增加。

(2) 电源电压过低，电动机又带了额定负载运行，电流过大使绕组发热。

(3) 修理拆除绕组时，热拆法使用不当，烧伤铁芯。

(4) 定转子铁芯相擦。

(5) 电动机过载或频繁起动。

(6) 笼型转子断条。

(7) 电动机缺相，两相运行。

(8) 重绕后定子绕组浸漆不充分。

(9) 环境温度高，电动机表面污垢多，或通风道堵塞。

(10) 电动机风扇故障，通风不良；定子绕组故障(相间、匝间短路，定子绕组内部连接错误)。

故障排除：

（1）降低电源电压，检查电机过热是否是由电机 Y 形、△形接法错误而引起。若是，则应改正接法。

（2）提高供电电压或换粗的供电导线。

（3）检修铁芯，排除故障。

（4）消除擦点（调整气隙或定转子）。

（5）减载；按规定次数控制起动。

（6）检查并消除转子绕组故障。

（7）恢复三相运行。

（8）采用二次浸漆及真空浸漆工艺。

（9）清洗电动机，改善环境温度，采用降温措施。

（10）检查并修复风扇，必要时更换；检修定子绕组，消除故障。

➡ 提 升 练 习

一、填空题

1. 三相异步电动机主要由＿＿＿＿＿＿和＿＿＿＿＿＿两部分组成。

2. 三相异步电动机的定子铁芯用薄的硅钢片叠压而成，它是定子的＿＿＿＿＿＿路部分，其内表面冲有槽孔，用来嵌放＿＿＿＿＿＿。

3. 三相异步电动机的转子有＿＿＿＿＿＿式和＿＿＿＿＿＿式两种形式。

4. 三相异步电动机旋转磁场的转速称为＿＿＿＿＿＿转速，它与电源频率和＿＿＿＿＿＿有关。

5. 三相异步电动机的转速取决于＿＿＿＿＿＿、＿＿＿＿＿＿和电源频率 f。

6. 三相异步电动机的调速方法有＿＿＿＿＿＿、＿＿＿＿＿＿和转子回路串电阻调速。

7. 某三相异步电动机额定电压为 380/220 V，当电源电压为 220 V 时，定子绕组应接成＿＿＿接法；当电源电压为 380 V 时，定子绕组应接成＿＿＿＿＿＿接法。

8. 在额定工作条件下的三相异步电动机，已知其转轴转速为 960 r/min，电动机的同步转速为＿＿＿＿＿＿，磁极对数 p 为＿＿＿＿＿＿，转差率 s 为＿＿＿＿＿＿。

二、选择题

1. 异步电动机旋转磁场的转向与（　　）有关。

A. 电源频率　　　　　　B. 转子转速　　　　　　C. 电源相序

2. 当三相异步电动机机械负载增加时，如果定子端电压不变，那么其转子的转速（　　）。

A. 增加　　　　　　　　B. 减少　　　　　　　　C. 不变

3. 工频条件下，三相异步电动机的额定转速为 1440 r/min，则电动机的磁极对数为（　　）。

A. 1　　　　　　　　　　B. 2

C. 3　　　　　　　　　　D. 4

三、简答题

1. 笼型异步电动机与绕线转子异步电动机在结构上的主要区别是什么?

2. 为什么三相异步电动机的定子铁芯好而转子铁芯均由硅钢片叠压而成?能否用钢板或整块钢材制作转子铁芯?为什么?

3. 什么叫旋转磁场?它是怎么产生的?

4. 三相异步电动机对起动的要求是什么?

5. 什么叫调速?三相异步电动机的调速方法有哪几种?它们各有什么特点?

【技能训练】 三相异步电动机的拆装

一、训练目的

(1) 掌握三相异步电动机的结构、工作原理及拆装步骤。

(2) 熟练掌握三相异步电动机的拆装工艺。

二、训练器材

三相异步电动机、电工常用工具一套、拆装工具一套、万用表、兆欧表。

三、训练内容及要求

1. 三相异步电动机的拆卸

(1) 拆卸端盖,抽转子。

拆卸前,先在机壳与端盖的接缝处做好标记以便后面的装配环节能迅速复位。均匀拆除轴承盖及端盖螺栓,拿下轴承盖,再用两个螺栓旋于端盖上两个项丝孔中,两螺栓均匀用力向里转将端盖拿下。对于小型抽出转子式电动机只能靠人工操作。为防手滑或用力不均匀而碰伤绕组,应用纸板垫在绕组端部。

(2) 轴承的拆卸,并清洗。

拆卸轴承应选用适宜的专用拉具,拉力应着力于轴承内圈,不能拉外圈。拉具顶端不得损坏转子轴端中心孔。拉具的丝杆顶点要对准转子轴的中心,缓慢匀速地扳动丝杆。

2. 三相异步电动机的装配

(1) 装配前的准备:

① 认真检查装配工具是否齐备、适用。

② 彻底清扫定子、转子内表面的尘垢。

③ 检查气隙、通风沟、止口处和其他空隙有无杂物,并清除干净。

④ 检查槽契、绑扎带和绝缘材料是否到位,是否有松动、脱落等异常。

⑤ 检查各相定子绕组的直流电阻是否基本相同,各相绕组对地绝缘电阻和相间绝缘电阻是否符合要求。

(2) 装配步骤:原则上与拆卸步骤相反。

四、考核评价

本项目的考核内容及评分要求，如表 1-1 所示。

表 1-1　考核评价表

序号	项目内容	考核要求	评分细则	配分	扣分	得分
1	拆卸电动机	正确选择拆卸工具对电动机进行拆卸，并对零部件进行检查与清洁处理	拆卸不正确、损坏零部件的，扣 10～20 分	30 分		
2	电动机装配	根据正确的拆卸顺序的逆序，完成电动机的装配	装配不正确的，扣 10～20 分	30 分		
3	判别首尾端	按要求用直流法进行首尾端判别	判别不正确扣 10 分	10 分		
4	绕组绝缘电阻的测定	能正确使用兆欧表	测定错误扣 5～10 分	10 分		
5	起动电流、空载电流的测定	能正确使用万用表进行电流的测量	① 起动电流测定错误扣 3～5 分　② 空载电流测定错误扣 3～5 分	10 分		
6	安全操作	安全文明规范操作	① 未穿戴防护用品，扣 3 分　② 拆装操作前未清点工具、仪器、耗材，扣 2 分　③ 随意摆放工具、耗材和杂物，完成后不清理工位，扣 2～5 分　④ 违规操作，扣 5～10 分	10 分		
定额时间 120 min		每超过 5 min(包括 5 min 以内)，扣 5 分		成绩		

项目 2

控制电机的应用

【学习目标】

（1）了解常用控制电机的种类与目前的应用现状。
（2）理解步进电机的工作原理，能对常见的步进电机进行控制应用。
（3）理解伺服电机的工作原理，能对常见的伺服电机进行控制应用。
（4）了解测速发动机、直线电动机等其他控制电机的原理及应用。

【项目描述】

在现代电气控制应用领域，各种功能的特种控制电机的应用已经变得非常普及，熟悉并掌握常见的控制电机的原理与使用方法已成为现代电气工程人员的必修课。本项目针对目前行业内应用较为广泛的几类控制电机，主要对其原理与应用作了简单的介绍。

【知识链接】

一、常用控制电机的认知

控制电机是指在自动控制系统中作状态监测、信号处理或伺服驱动等用途的各种电机、电机组及其系统（《GB/T2900.26－2008 电工术语控制电机》）。常用控制电机可以理解为应用场合广泛的控制电机。特种电机也可理解为容量和尺寸都比较小的具有特殊用途的电机。其包括的范围相当广，按用途不同大体可分为驱动用特种电机、控制用特种电机和电源用特种电机。

驱动用特种电机主要作为驱动机械或装备之用，例如直线电动机、微型同步电动机、永磁电机等。控制用特种电机主要是在自动控制系统和计算装置中作检测、放大、执行和校正元件使用的电机，例如伺服电机、步进电机、测速发电机、自整角机等。

随着科学技术的飞速发展，由于控制特种电机具有高精确度、高灵敏度、高可靠性和方便灵活等特点，其用途已越来越广，其产品品种及数量已有极大的增长。例如普通汽车上需 15 台电机，高级轿车可达 80 台电机，这些电机多数属特种电机，用于汽油机的起动、照明、充电、空调器及泵类拖动车窗玻璃的升降自动检测自动控制等。飞机、船舶、机车的自动导航自动控制、自动检测等均靠特种电机来执行。数控机床加工中心、仿形加工、机器人、机械手及自动轧钢设备、纺织造纸等机械的程序控制、自动控制也由控制特种电机来完成。电动门水坝闸门的自动开闭、高级录像及摄影设备、自动记录仪和计算机外部设备、打印机、绘图机等均要用到控制特种电机。

二、步进电动机的应用

（一）概述

步进电机是用电脉冲信号控制，并将电脉冲信号转换成相应的角位移或线位移的控制电机。它的运动形式与普通多速旋转的电动机的定子有差别，其定子绕组虽然也布置有相差定电角度的两相或三相绕组，但通入定子绕组中的不是按一定规律连续变化的正弦交流电，而是有一定时间间隔的电脉冲信号，每输入一个电脉冲，它就进步一下，所以被称为步进电机。又因其绕组上所加的电源为脉冲电源，因此又被称为脉冲电机。步进电机能快速起动、反转及制动，有较大的调速范围，不受电压、负载及环境条件变化的影响。步进电机在数控技术、自动绘图设备、自动记录设备工业设施的自动控制、家用电器等许多领域都得到了广泛的应用。

图 2-1 为数控机床控制系统示意图。机床工作时，先根据加工要求编写好程序，MCU 按程序发出的指令产生脉冲信号，并将脉冲信号放大供给步进电机。步进电机则将接收到的脉冲信号转换成轴上的角位移输出，再通过机床丝杠等传动装置带动机床工作台运动，从而完成自动加工任务。

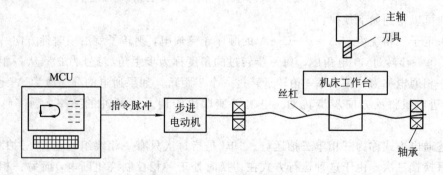

图 2-1　数控机床控制系统

步进电机种类繁多，按运动方式可分为旋转型和直线型两种。通常使用的旋转型步进电机又可分为反应式、永磁式和永磁感应式三种。永磁式步进电机的转子用永久磁钢制造而成，一般为两相，它的转矩和体积都比较小。反应式步进电机一般为三相，它的转子由具有高磁导率的软磁材料制成。由于反应式步进电机具有惯性小、反应快和速度高等优点，故其应用范围较广。永磁感应式步进电机综合了永磁式和反应式的优点，今后的使用范围也会越来越广。

（二）反应式步进电机

反应式步进电机利用磁阻转矩使转子转动，是我国目前生产及使用范围最广的步进电机。

1. 三相单三拍控制

图 2-2 为三相反应式步进电机工作原理。其中定子及转子铁芯均由硅钢片叠压而成，定子为凸极式结构，有 6 个均匀分布的磁极，分别安装有三相助磁绕组（又称控制绕组）与控制电源相连接。转子有 4 个均匀分布的齿，上面无绕组。步进电机工作时，定子各相绕组轮流通电（即轮流输入脉冲电压）。假设向图 2-2 所示的 A 相绕组通入电脉冲，此时气隙中会产生一个沿 A 相轴线方向运动的磁场。由于磁通总是沿磁阻最小的路径闭合，于是产生磁拉力使转子铁芯齿 1、铁芯齿 3 与 A 相绕组轴线对齐。如果将通入的电脉冲由 A 相绕组转换到 B 相绕组，则根据同样的原理，磁拉力将转子铁芯齿 2、铁芯齿 4 与 B 相绕组轴线对齐。此时转子将沿顺时针方向转过 30°电角度。如果将电脉冲加到 C 相绕组上。按同样的分析方法，转子又将沿顺时针方向转过 30°电角度。

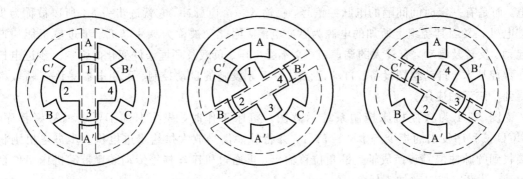

图 2-2　三相反应式步进电机工作原理图（三相单三拍运行）

由此可以得到如下规律：

如果定子三相绕组按 A→B→C→A 的顺序轮流通电，则转子就沿顺时针方向一步一步地转动，每一步转过 30°电角度。每一步转过的角度称为步距角（符号为 θ），从一相通电转换到另一相通电称为一拍，每一拍转子转过一个步距角。如果通电的顺序改为 A→C→B→A，则步进电机将反方向步步转动。电机转速取决于通入电脉冲的频率，频率越高转速越快。

上述通电方式称为三相单三拍运行。"单"是指每次只有一相绕组通电；"三拍"是指一个循环只换接三次。由于这种运行方式在切换时处于一相控制绕组断电，而另一相控制绕组通电的交替时刻，这就容易造成失步，另外由单一控制绕组通电吸引转子也容易造成转子在平衡位置附近产生振荡，故三相单三拍的运行稳定性较差，因此在实际中很少被应用。

2. 三相六拍控制

图 2-3 为反应式步进电机三相六拍运行的工作原理。它的通电顺序为 A→A、B→B→

B、C→C→C、A→A，即每一循环共六拍，其中三拍为单相通电，三拍为两相通电。单相通电时的情况与前面叙述的三相单三拍控制一样，而当 A、B 两相通电时，转子齿 1、转子齿 3 的轴线将在(a)图的基础上逆时针转过 15°电角度。当转为 B 相通电时，转子齿 2、转子齿 4 的轴线与 BB′轴线对齐，转子又转过 15°电角度，故三相六拍通电时步距角为 15°电角度。

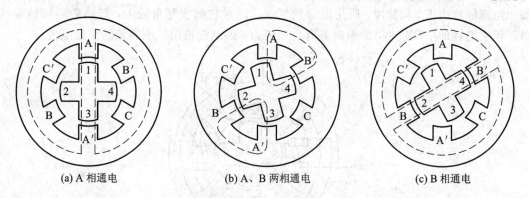

(a) A 相通电   (b) A、B 两相通电   (c) B 相通电

图 2-3 三相反应式步进电机工作原理(三相六拍运行)

上面讨论的步进电机的步距角都比较大，往往不能满足传动设备对精度的要求。为了减小步距角，步进电机的实际结构是将定子的每一个极分成许多小齿，转子也由许多小齿组成。图 2-4 是最常用的一种小步距角三相反应式步进电机，其定子上有 6 个极，上面装有控制绕组且被连成 A、B、C 三相。转子上均匀分布着 40 个齿，定子每个极面上也各有 5 个齿。定子、转子的齿距都相同。

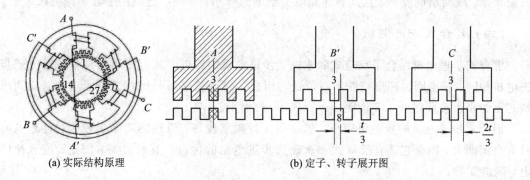

(a)实际结构原理   (b)定子、转子展开图

图 2-4 小步距角三相反应式步进电机

通过分析可知，若采用三相单三拍通电方式，即当控制绕组按 A→B→C→A 顺序循环通电时，转子就沿顺时针方向以每一拍转过 3°的方式转动；若采用三相六拍通电方式进行，即按 A→A、B→B→B、C→C→C、A→A 顺序循环通电，则步距角将减小一半，即每拍转子仅转过 1.5°。

(三) 永磁式步进电机

永磁式步进电机的典型结构如图 2-5 所示。它的定子为凸极式结构，在定子上布置有两相绕组或多相绕组；转子由一对或若干对呈星形的永久磁钢组成，且转子的磁极数必须与定子每相绕组产生的磁极数相等。

永磁式步进电机的工作原理与反应式步进电机相仿，也可按定子绕组通电顺序的不同而输出不同的步距角，如图 2-5 所示。当定子绕组按 A（＋）→B（＋）→A（－）→B（－）→A（＋）的单四拍方式通电时，转子每旋转一步的步距角为 45°。若定子绕组按 A（＋）→A（＋）、B（＋）→B（＋）→B（＋）、A（－）→A（－）→A（－）、B（－）→B（－）→B（－）、A（＋）→A（＋）的八拍方式通电时，转子每旋转一步的步距角为 22.5°。由此可见，永磁式步进电机要求电源能输出正、负脉冲，所用电源较复杂。同时它的步距角较大，起动和运行频率较低。但它消耗的功率较小，断电时具有自锁能力，因此常被用于小容量的步进电机。

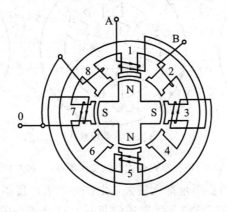

图 2-5　永磁式步进电机的结构

步进电机具有结构简单，维护方便，调速范围大，起动、制动反转灵敏等特点，其步距角不受电压波动、负载变化的影响。在不丢步的情况下，其角位移（或直线位移）误差不会长期积累，故而精确度高，且其转速只取决于电源频率，故被广泛应用于数字控制系统中。

（四）混合式步进电机

混合式步进电机结合了反应式和永磁式步进电机的特点。其定子结构与单段反应式步进电机相同，转子则由环形磁铁和两段铁芯组成。每段铁芯沿外圆周方向开有小齿，两段铁芯上的小齿彼此错开 1/2 齿距。

混合式步进电机的步距角较小，起动和运行频率较高，消耗的功率也较小，且断电时具有自锁能力，因而它兼有反应式和永磁式步进电机的优点。其缺点是：需正、负脉冲供电，制造复杂。

三、伺服电动机的应用

（一）概述

上节介绍的用于机电一体化系统或自动控制系统中作为执行元件的步进电机主要用于开环系统。在开环系统中，控制脉冲经功率放大后直接控制步进电机，由输出脉冲的频率控制步进电机的速度，由输出脉冲数量来控制被控机械（例如工作台）的位置。在开环系统中没有被控机械的位置和速度检测环节，因此它的精度主要由步进电机的步距角和与之相连的丝杠等传动机构决定。一般而言，开环系统的控制和结构较简单，调整容易，但控制精度较差。在结构较复杂、动作精度要求高的数控设备或自动控制系统中，用步进电机控制的开环系统往往不能满足需要，这时须采用由伺服电机控制的闭环控制系统。在闭环控制系统中，执行元件由伺服电机担任，并增加了速度检测元件来测量伺服电机的速度、位置检测元件来测量工作台的位置，并通过速度或位置反馈信号（负反馈）来调节伺服电机的速度和工作台的位置，以满足整个系统的精度要求，如图 2-6 所示。

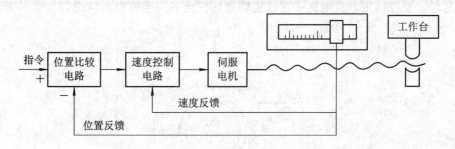

图 2-6 闭环数控系统

伺服电机又称执行电机，其外形如图 2-7 所示，在数控系统及自动控制系统中作为执行元件使用。它的作用是将输入伺服电机的电压信号转换成轴上的速度及转向输出，以驱动控制对象。伺服电机按使用电源的不同可分为交流伺服电机和直流伺服电机两大类。

图 2-7 伺服电机的外形

近年来，随着电子技术的发展及自动化程度的不断提高，伺服电机的应用范围日益扩展，对其要求也不断提高，因此出现了许多新的结构形式，例如盘形电枢直流伺服电机、无刷直流伺服电机、无槽电枢直流伺服电机等。

伺服电机种类繁多，用途也日益扩大。自动控制系统对它的基本要求可归结如下：

（1）较宽的调速范围，即伺服电机的转速能随着控制电压的改变在较宽的范围内连续调节。

（2）线性的机械特性和调节特性，即伺服电机的转速随转矩的变化或转速随控制电压的变化呈线性关系。

（3）快速响应性，即伺服电机的转速能随控制电压变化而迅速变化。

（4）无自转现象，即控制电压消失，伺服电机立即停转。

（二）交流伺服电机

交流伺服电机又称两相伺服电机，它的结构与电容运行单相异步电动机相似，也有空间互差 90°电角度的两相绕组，一组为励磁绕组 f，它与电容器 C 串联后被接至交流励磁电

源 U_f；另一组为控制绕组 c，外加的控制电压作为信号输入该绕组，如图 2-8 所示。加在控制绕组上的电压 U_c 必须与励磁电源电压 U_f 的频率相同。选择适当的电容器 C 的数值，使两个绕组中的电流 i_c 和 i_f 相位差接近 $90°$，这两相电流就在电动机定子内部空间产生一个旋转磁场。交流伺服电机的转子在该旋转磁场作用下产生转矩而转动。

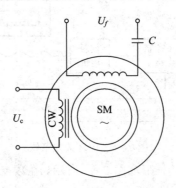

图 2-8 交流伺服电机

对交流伺服电机的要求是控制快速、灵敏、准确，无自转现象。具体来讲就是当加上控制电压 U_c 时，电机立即旋转，并迅速达到稳定状态运行。当取消控制电压 U_c 时，电机立即停转。要达到这两个要求必须尽量减小转子的转动惯量和增大转子的电阻。因此交流伺服电机的定子结构虽与电容运行单相异步电机相似，但转子结构形式却不同。交流伺服电机转子目前主要有两种结构形式，一种是笼型转子结构，其转子细而长，而且导条和端环均采用高电阻材料（如青铜）制成；另一种形式是采用铝合金、铜等非磁性材料制成的空心杯形转子，如图 2-9 所示。后者的定子有内、外两个铁芯，均用硅钢片叠压而成。定子绕组装在外定子上，内定子铁芯上一般不放绕组，只作为闭合磁路的一部分，用以减小磁路的磁阻。薄壁型空心杯形转子位于内、外定子之间，用转子支架固定在转轴上。由于转子质量小，转动惯量也很小，所以能迅速而灵敏地起动和停转，即反应迅速。

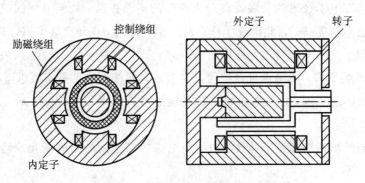

图 2-9 空心杯形转子伺服电机

当负载转矩一定时，可以通过调节加在控制绕组 c 上的信号电压及相位来达到改变交流伺服电机转速的目的。因此，交流伺服电机的控制方式有幅值控制、相位控制、幅值-相位控制三种。

1. 幅值控制

这种控制方式是通过调节控制电压 U_c 的大小来改变电机的转速，而控制电压 U_c 与励

磁电压 U_f 之间的相位角始终保持 90°电角度。当控制电压 $U_c = 0$ 时，电机停转，控制电压越大，电机转速越高。

2. 相位控制

它通过调节控制电压的相位(即调节控制电压与励磁电压之间的相位角)来改变电机的转速，控制电压的幅值保持不变。当相位角为零时，电机停转，相位角加大，则电磁转矩加大，从而使电机转速增加。这种控制方式一般较少被采用。

3. 幅值-相位控制

这种控制方式是将励磁绕组与电容 C 串联后接到稳压电源上，用调节控制电压 U_c 的幅值来改变电动机转速的方式。此时励磁电压和控制电压之间的相位角也随着改变，因此被称为幅值-相位控制。这种控制方式所用设备简单，成本较低，因此是最常用的一种控制方式。

伺服电机转向的改变依靠改变加在控制绕组上控制电压的相位来实现。当加在控制绕组上的电压反相时(保持励磁电压不变)，由于旋转磁场的转向改变，则电机反转。

交流伺服电机运行平稳，噪声小，反应迅速、灵敏。但由于其机械特性是非线性的，且由于转子电阻大，损耗大，效率低，故一般只用于 $0.5 \sim 100$ W 的小功率控制系统中。

（三）直流伺服电机

直流伺服电机是功率容量和体积都很小的微型他励直流电动机，其结构与工作原理都与他励直流电动机相同。所不同的是，伺服电机的电枢电流很小，换向并不困难，因此不装换向磁极。为了减少转子的转动惯量，使其容易起动和停止，常采用空心杯形转子形式或把转子做得比较细，转子与定子间的空气隙也较小。

直流伺服电机根据磁极的种类分为两种。一种是永磁式，如图 2-10 所示。它的磁极是永久磁铁(磁钢)，省去了励磁绕组。另一种是电磁式，它的磁极是电磁铁，磁极嵌有励磁绕组。这两种形式都有独立供电的电枢绕组，只要励磁绕组接入直流电流，产生磁通，建立了磁场(第一种无需通电即有磁场)，则电枢绕组输入电信号时电枢电流与磁通相互作用就可以产生力矩，从而使伺服电机投入工作，电枢绕组断电时，电动机立即停转。对电磁式伺服电机任一绕组进行断电，电机将立即停转。我国通常采用电枢控制形式，即励磁电压 U_f 是恒定的，而将控制电压 U_c 加在电枢上，其接线图如图 2-11 所示。国产永磁式直流伺服电机为 SY 系列，而电磁式直流伺服电机则是 SZ 系列。

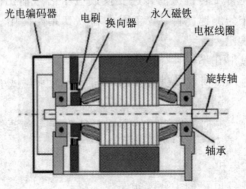

图 2-10 永磁式直流伺服电机

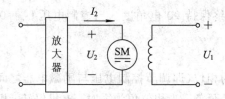

图 2-11　直流伺服电机接线图

直流伺服电机的优点是具有线性的机械特性，起动转矩大，调速范围宽且平滑，无自转现象；与同容量交流伺服电机相比，重量轻、体积小。缺点是转动惯量大，反应灵敏度较差。

伺服电机主要用于复印机、打印机、绕线机、雷达天线系统、舰船、机床、机械手、机器人、飞机、宇宙飞船的控制系统、数控机床控制系统等。图 2-12 为用于多关节机器人的伺服电机。

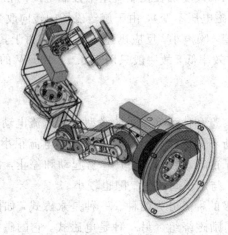

图 2-12　用于多关节机器人的伺服电机

四、测速发电机简介

（一）概述

测速发电机是一种能将旋转机械的转速变换成电压信号输出的小型发电机，在自动控制系统和计算装置中常作为测速元件、校正元件和解算元件使用。测速发电机的主要特点是其输出电压与转速成正比。

测速发电机主要有以下几类：

（1）直流测速发电机。根据其励磁方式的不同可分为永磁式直流测速发电机和电磁式直流测速发电机两大类。

（2）交流测速发电机。根据工作原理的不同可分为同步测速发电机和异步测速发电机两大类。

（3）霍尔效应测速发电机。

自动控制系统对测速发电机的主要要求是：

（1）发电机的输出电压与被测机械的转速保持严格的正比关系，应不随外界条件的变化而改变。

（2）发电机的转动惯量应尽量小，以保证反应迅速、快捷。

（3）发电机的灵敏度要高。

（4）对无线通信的干扰小、噪声小、结构简单、体积小、重量轻和工作可靠。

（二）交流异步测速发电机

异步测速发电机分笼型和空心杯型两种。笼型结构不及空心杯型测量精度高，且空心杯型的转动惯量也小，因此，目前在自动控制系统中应用较多的是空心杯型转子异步测速发电机。空心杯型转子异步测速发电机的结构形式与空心杯型转子交流伺服电机相似，二者定子上都装有两个在空间相差 $90°$ 电角度的绕组，其中一个为励磁绕组 W_f，接到频率和大小都不变的交流励磁电压 $\dot{U}_f$ 上。另一个是输出绕组，与高内阻（$2\sim40$ kΩ）的测量仪器或仪表相连。不同的是测速发电机的空心杯型转子使用高电阻材料（如磷青铜等）做成，故其转子电阻更大，壁厚为 $0.2\sim0.3$ mm。

图 2-13 为交流测速发电机的原理图，励磁绕组 W_f 接到交流电源上，电压为 $\dot{U}_f$，其幅值和频率均恒定不变。

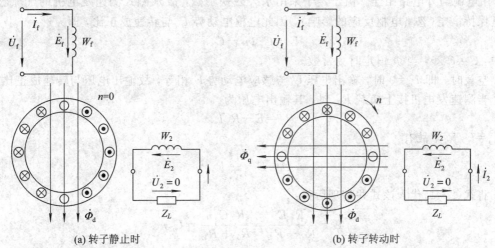

(a) 转子静止时　　　　　　　　　　　　(b) 转子转动时

图 2-13　交流测速发电机原理

如图 2-13(a) 所示，转子静止时，由励磁绕组产生的脉动磁通 Φ 为纵轴方向（即励磁绕组轴线方向），其幅值正比于 $\dot{U}_f$。由于输出绕组与 Φ 正交，故不会在输出绕组中感应电动势。因此当测速发电机的转速为零时，输出绕组的输出电压也为零。

当转子以某一速度 n 旋转时，由于切割纵轴磁场 $\dot{\Phi}_d$ 而在转子中产生切割电动势，称为速度电动势 E_v，E_v 与 $\dot{\Phi}_d$ 成正比，与转速 n 也成正比，即 $E_v \propto \Phi n$。由于 $\dot{E}_v$ 滞后 $\dot{\Phi}_d$ 90°，故 $\dot{\Phi}_q$ 为横轴方向（即输出绕组的轴线方向），如图 2-13(b) 所示。由于磁通 $\dot{\Phi}_q$ 与输出绕组交链，因此输出绕组中将产生感应电动势 $\dot{E}_2$，这个电动势就是测速发电机的输出电动势。显然 $E_v \propto \Phi_d \propto n$。

由此可见，在励磁电压的幅值和频率恒定且输出绕组负载很小（接高电阻）时，交流异步测速发电机的输出电压与转速成正比，而其频率与转速无关，就等于电源的频率。因此，只要测出其输出电压的大小就可得出转速的大小。若被测机械的转向改变，则交流测速发电机的输出电压在相位上将发生 $180°$ 的变化。

空心杯型转子测速发电机与直流测速发电机相比具有结构简单，工作可靠等优点，是目前较为理想的测速元件。目前，我国生产的空心杯形转子测速发电机为 CK 系列，频率有 50 Hz 和 400 Hz 两种，电压等级有 36 V、110 V 等。

（三）直流测速发电机

直流测速发电机是一种用来测量转速的小型直流发电机，在自动控制系统中作反馈元件。直流测速发电机的结构和直流伺服电动机基本相同，从原理上看又与普通直流发电机相似。按定子磁极的励磁方式来分，直流测速发电机可分为永磁式和电磁式两大类。若按电枢的不同结构形式划分，又有有槽电枢、无槽电枢、空心杯形电枢和印制绕组电枢等。近年来，为满足自动控制系统的要求，永磁式直流测速发电机应用较多。

永磁式测速发电机由于不需要另加励磁电源，也不存在因励磁绕组温度变化而引起的特性变化，因此在实际生产中应用较为广泛。

永磁式测速发电机的定子用永久磁铁制成，一般为凸极式。转子上有电枢绕组和换向器，用电刷与外电路相连。由于定子采用永久磁铁励磁，故永磁式测速发电机的气隙磁通总是保持恒定（忽略电枢反应的影响），因此电枢电动势 E 与转速成正比，即

$$E = C_e \Phi n = C_1 n \tag{2-1}$$

式中：$C = C_e \Phi$，当 Φ 恒定时为常数。

空载时，即 $I_a = 0$ 时，输出电压 U 与感应电动势 E 相等，故输出电压与转速成正比。

当测速发电机接上负载 R_L 时，其输出电压为

$$U = E - R_a I_a$$

而 $I_a = U/R_L$，故有

$$U = E - \frac{U}{R_L} R_a$$

将式（2-1）代入该式并整理后得：

$$U = \frac{R_L E}{R_a + R_L} = \frac{R_L C_1 n}{R_a + R_L} = C_2 n \tag{2-2}$$

式中：$C_2 = \dfrac{R_L C_1}{R_a + R_L}$，当 R_L 为定值时 C_2 为常数。

由式（2-2）可知，直流测速发电机的输出电压与转速成正比，因此只要测出直流测速发电机的输出电压，就可测得被测机械的转速。

直流测速发电机由于存在电刷和换向器，所以容易对无线通信产生干扰，且寿命较短，使其应用受到了限制。近年来，由于无刷测速发电机的发展改善了其性能，提高了使用可靠性，直流测速发电机又获得较多的应用。我国生产的 CY 系列直流测速发电机为永磁系列，ZCF 系列为电磁系列，另外还有 CYD 系列高灵敏度直流测速发电机。

五、直线电动机

（一）概述

蒸汽机的往复运动唤起了人们对直线电动机的设想。但是在 20 世纪中期以前，做圆周运

动的电动机也要经过许多传动机构才能应用于那些做简单直线运动的机械。例如牛头刨床上的电动机要经过一套体积大、重量重、传动精度低的机构将旋转运动变为床身的直线运动，做直线运动的电动门也要由旋转电动机通过蜗轮、蜗杆等传动装置来实现。自 20 世纪 50 年代开始，随着交通运输业及机械行业的发展，国内外都开始积极研究和发展直线电动机。

直线电动机即是将电能变成直线运动的机械能输出装置。它可分为直线直流电动机、直线异步电动机、直线同步电动机和其他直线电动机（如直线步进电动机等）。其中应用最广泛的是直线异步电动机，因为它的次级（相应于旋转异步电动机的转子）可以由整块金属材料组成，因而适宜做得较长，且成本较低。图 2-14 为利用直线异步电动机拖动的 ZYDM 系列直线电动门的外形。直线同步电动机虽然成本较高，但由于它的效率高，适宜于作高速水平或垂直运输设备的推进装置（例如高速磁悬浮列车的动力装置）。直线直流电动机主要适合应用在行程较短和速度较低的场合，例如计算机读写磁头驱动器和记录仪、绘图仪等。

图 2-14　ZYDM 系列直线电动门

（二）直线异步电动机的工作原理

假设有一台极数很多，定子直径相当大的三相异步电动机，其定子与转子的某一段可以近似认为是直线，那么该电动机便是一台直线异步电动机。当然也可以将它看成是一台沿径向剖开，并将定子、转子圆周展开成直线的普通的旋转异步电动机，那么该电动机就成为一台直线异步电动机，如图 2-15 所示。由定子转变得到的一边称为初级，由转子转变得到的边称为次级或滑子，它是直线电动机中做直线运动的部件。

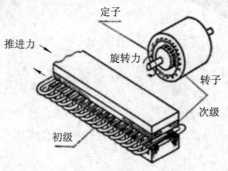

图 2-15　旋转电动机转变为直线电动机

向直线异步电动机初级三相绕组中通入三相交流电后，同样会产生一个气隙磁场，并且磁场的分布情况与旋转电动机相似，即沿直线方向是正弦分布且按 A、B、C 的相序直线移动。由于该磁场不是旋转磁场而是平移磁场，因此称为行波磁场，如图 2-16 所示。行波磁场的移动速度与旋转磁场在定子内圆表面的线速度一样，用 v_0 表示，称为同步速度。它也与电源的频率及磁极的距离有关。该行波磁场在移动时将切割次级导体，从而在导体中产生感应电动势及电流。该电流与气隙中的行波磁场相互作用，产生电磁力使次级沿行波磁场移动的方向作直线运动，运动速度为 v，且 $v < v_0$。直线异步电动机的滑差率 s 可表示为

$$s = \frac{v_0 - v}{v_0} \tag{2-3}$$

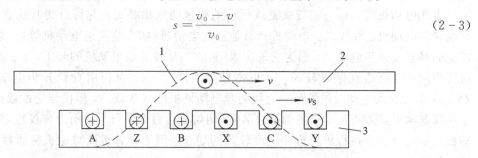

图 2-16　直线异步电动机工作原理

直线异步电动机的运动方向与通入初级三相绕组三相交流电的相序有关。与旋转电动机一样，改变任意两相绕组与电源的接线顺序即可改变直线异步电动机的运动方向。

（三）直线异步电动机结构简介

直线异步电动机主要有扁平形和管形推杆式两种结构形式，如图 2-17 所示。前面叙述的是扁平形结构直线异步电动机的初级和次级长度相等，这在实际应用中是行不通的。因为要使次级作直线运动后初级和次级之间的相互作用力仍能保持不变，就必须把初级和次级做成长度不等的结构。根据初级和次级之间相对长度的不同，扁平形电动机又可分为短初级和短次级两类。由于短初级结构比较简单，制造和运行成本较低，故一般均采用短初级结构。

(a) 扁平形直线异步电动机

(b) 推杆式直线电动机

图 2-17　直线电动机外形

前面叙述的都是只在滑子的一边只有初级的电动机，这种结构形式被称为一侧式直线电动机。如果在滑子的两侧都装上初级，就成为两侧式直线电动机。从工作性能上看两侧式结构优于一侧式。

由以上介绍可知，扁平形直线异步电动机由三大部分组成，即初级、次级和气隙。初级铁芯也由硅钢片叠压而成，表面开有槽，槽内嵌放三相绕组。次级的形式较多，有类似笼型转子的结构，即在钢板（或铁芯叠片）上开槽，槽中放入铜条或铝条，然后用铜带或铝带在两侧端部短接。另一种结构形式的次级用整块的钢板或铜板制成，也可用各种型钢构成闭合回路。

（四）直线电动机的应用

直线电动机主要用于有机械作直线运动的场合，例如工业自动控制装管中的执行元件；自动生产线上的传送带、机械手、各种自动门；自动间、数控绘图仪、记录仪、数控制图机、数控裁剪机、精密定位机构、轨道交通运输机械等。下面略作介绍。

1. 轨道交通运输工具

目前世界各国的轨道交通运输工具（如铁路干线、城郊轻轨、城市地铁等）基本上都采用旋转电动机驱动。如果能采用直线电动机驱动，则可以省去体积大、价格贵的齿轮传动装置，并可进一步提高运输工具的速度。

用直线电动机驱动的电动机车上所使用的电动机主要有两类，一类是直线同步电动机；另一类是直线异步电动机。直线同步电动机的初级绕组固定在轨道上，通以交流电，产生沿轨道运动的行波磁场；次级装在运动的电动机车上；电动机速度用装在轨道上的初级绕组的电流频率来控制（变频调速）。上海的磁悬浮列车即采用这种控制方式。直线异步电动机的初级绕组固定在电动机车上，而次级则固定在地面上，电动机的速度也靠改变初级绕组的电流频率来控制。日本的地铁车辆采用的便是这种控制方式。

使用直线电动机驱动的电动机车有用车轮行驶的，也有用磁悬浮方式行驶的，因此它们分别被称为车轮式直线电动机车和磁悬浮直线电动机车（又称磁悬浮列车）。

车轮式直线电动机的初级绕组装在车体的下部，车轮式直线电动机初级绕组则置于地面上两条钢轨的中间。车轮只支持车体，不产生车转向装置，因而车轮路损小，噪声低，节省投资成本。

磁悬浮直线电动机是利用磁悬浮原理将整个机车与列车悬浮在轨道上面，这样就可取消车轮和钢轨。磁悬浮直线电动机运行平稳，噪声小，速度高达 500 km/h，整个机车由直线电动机驱动。

2. 机械手

冲床送料和取出冲片时用机械手来代替人手工操作，具有速度快、精确、安全可靠等优点。通常机械手可用直线异步电动机驱动。当冲床连续运动的每一个行程发出信号后，装在机械手手臂上的直线异步电动机接通电源，脱开定位，使手臂向前运动到上下模中间，接住从上模落下的冲片，立即返回原始位置，待第二个行程信号发出后再次接料，如此不断循环。

3. 自动门

图 2-14 便是安装于企事业单位的电动门，它采用直线异步电动机驱动。在宾馆、商场等处广泛采用的自动门也采用直线电动机驱动。与用旋转电动机驱动相比较，直线异步电动机驱动具有结构简单，维修方便，噪声小，成本低，节能等优点，因此已得到广泛使用。除自动门外，直线电动机在类似于自动门功能的自动阀、自动闸门、铁道道口拉门、电动窗帘、传送带等装置中也被逐步利用。

→ **提升练习**

一、填空题

1. 步进电动机是利用＿＿＿＿＿＿＿＿原理将电脉冲信号转换成相应的＿＿＿＿＿＿或＿＿＿＿＿

的控制电机。

2. 步进电动机通常有_____拍、_____拍和_____拍控制。

3. 步进电动机_____及_____越多，则_____越小。在实际应用中，为保证加工精度，步进电动机的步距角是_____或_____。

4. 伺服电动机实质上就是一种_____电动机，在自动控制系统中作为_____元件，它将输入的_____信号变换为_____和_____输出，以驱动控制对象。

5. 直流伺服电动机是一台_____的他励直流电动机，按励磁种类可分为_____和_____两种。

二、选择题

1. 下列装置常用作数控机床的进给驱动元件的是（　　）。

A. 感应同步器　　　　B. 旋转变压器　　　　C. 光电盘　　　　D. 步进电动机

2. 步进电动机的布距角的大小与运行拍数（　　）。

A. 成正比　　　　B. 成反比　　　　C. 有关系　　　　D. 没有关系

3. 直流伺服电动机是一种（　　）电动机。

A. 他励式　　　　B. 并励式　　　　C. 串励式　　　　D. 复励式

三、简答题

1. 特种电机与一般常用的单相、三相异步电动机在应用上有哪些区别？

2. 步进电机的运行特点是什么？

3. 交流伺服电动机有哪几种控制方式？

4. 与单相电容运行的电动机相比，交流伺服电机的转子有何特点？

5. 直流伺服电动机与直流电动机的主要区别有哪些？

【技能训练一】　步进电动机的使用

一、训练目的

（1）学会步进电机的使用方法。

（2）了解并熟悉步进驱动器的应用。

二、训练器材

（1）MEL系列电机系统教学实验台主控屏。

（2）电机导轨及测功机，转速转矩测量 MEL-13。

（3）步进电动机 M10。

（4）步进电机驱动电源 MEL-10。

（5）双踪示波器。

三、训练内容及要求

1. 实验准备

（1）按实验要求准备好各类设备及仪表。

（2）在控制屏幕上按顺序悬挂所需组件，并检查相关的连接，如图 2-18 所示。

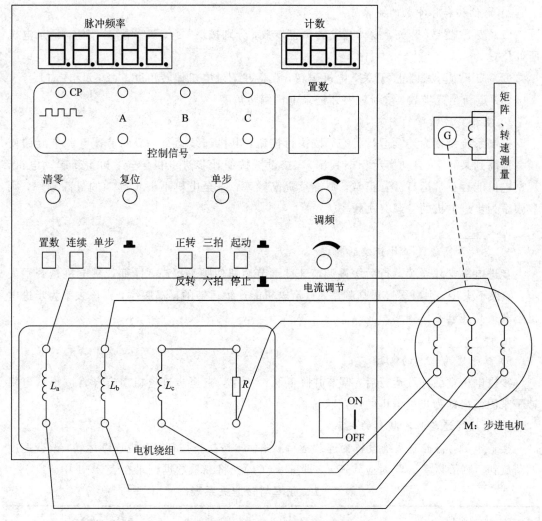

图 2-18 步进电机实验接线图

2. 驱动波形观察（不接电机）

（1）合上电源开关，分别按下"连续"和"正转/反转"、"三拍/六拍"、"起动/停止"开关，使电机处于三拍正转连续运行状态。

（2）用示波器观察电脉冲信号输出波形（CP 波形），改变"调频"电位器旋钮，频率变化范围应不小于 5 Hz～800 kHz，从频率计上读出此频率。

（3）用示波器观察环形分配器输出的三相 A、B、C 波形之间的相序及其 CP 脉冲波形之间的关系。

（4）改变电机运行方式，使电机处于正转、六拍运行状态，重复实验。

(5) 再次改变电机的运行方式，使电机处于反转状态，重复实验。

3. 步进电机的动态观察(按图正确接线，频率 40 kHz)

1) 单步运行状态

(1) 接通电源，按下"单步"开关、"复位"按钮、"清零"按钮。

(2) 不断按下"单步"按钮，观察运行状态；改变电机转向，重复操作。

2) 角位移和脉冲数的关系

(1) 按下"置数"开关，拨动开关的预置步数，分别按下"复位"、"清零"按钮，记录电机所处位置。

(2) 按下"起动/停止"开关，电机运转，观察并记录电机偏转角度。(20 Hz 左右)

(3) 重新预置步数，重新观察并记录电机偏转角度。

3) 空载突跳频率的测定

控制系统设置为连续运行状态，按执行按钮，电机连续运行后，调节速度调节旋钮使频率提高到某频率(自动指示当前频率)。按设置按钮让步进电机停转，再重新起动电机，观察电机能否正常运行。若正常，则继续提高频率，直至电机不失步起动的最高频率，则该频率为步进电机的空载突跳频率。

记录_____Hz。

4) 空载最高连续工作频率的测定

步进电机空载连续运行后缓慢调节速度调节旋钮使频率提高，仔细观察电机是否不失步，如果不失步，则再缓慢提高频率，直至电机能连续运转的最高频率，则该频率为步进电机空载最高连续工作频率。

记录_____Hz。

5) 转子震荡状态的观察

步进电机空载连续运行后，调节并降低脉冲频率，直至步进电机声音异常或出现电机转子来回偏摆即为步进电机的震荡状态。

6) 平均转速与脉冲频率的关系

接通电源，将控制系统设置为连续运行状态，再按执行按钮，电机连续运转，改变速度调节旋钮，测量频率 f 与对应转速 n，即 $n = f(f)$。将测量数据记录在表 2-1 中。

表 2-1　频率与转速关系表

序号	f/Hz	$n/(\text{r/min})$

7) 转矩特性的测定

以连续方式控制电路工作，设定频率后，使步进电机起动运转，调节测功机"转矩设定"旋钮使之加载，仔细测定对应设定频率的最大输出动态力矩（电机失步前的力矩）。改变频率，重复上述过程得到一组与频率 f 对应的转矩 T 值，即为步进电机的矩频特性 $T = f(f)$。将相关数据记录于表2-2中。

表2-2 矩频特性表

序号	f/Hz	$F_大/N$	$F_小/N$	$T/(N \cdot cm)$

四、考核评价

本项目的考核内容及评分要求如表2-3所示。

表2-3 考核评价表

序号	项目内容	考核要求	评分细则	配分	扣分	得分
1	步进电机与驱动器的外部接线	能按原理图正确接线，并且知道每个接线端的意义	① 器件安装不到位，每个扣2分 ② 驱动器与电机接线有错误，每处扣2分 ③ 走线不规范，每处扣2分	10分		
2	驱动波形观察	按要求正确操作并能熟练使用示波器	① 未按要求进行单步运行扣5分 ② 不能正确观测出各相波形及其关系扣10分	20分		
3	步进电机的动态观察	能正确操作单步运行；能正确操作并判断出角位移与脉冲关系；能正确测定空载突跳频率、连续工作频率	① 未按要求进行单步运行扣5分 ② 不能正确操作并判断角位移与脉冲之间的关系扣5分 ③ 不能正确测出空载突跳频率扣5分 ④ 不能正确测出最高空载连续工作频率扣5分	20分		

序号	项目内容	考核要求	评分细则	配分	扣分	得分
4	平均转速与脉冲频率的关系测定	能正确测出频率与转速的关系	① 不能进行正确的测量扣10分 ② 未完成表2-1内容扣10分	20分		
5	转矩特性的测定	能正确测定频率特性	① 不能进行正确的测量扣10分 ② 未完成表2-2内容扣10分	20分		
6	安全操作	安全文明规范操作	① 未穿戴防护用品，扣3分 ② 调试检修前未清点工具、仪器、耗材，扣2分 ③ 未经验电笔测试前，用手触摸接线端，扣5分 ④ 随意摆放工具、耗材和杂物，完成后不清理工位，扣2～5分 ⑤ 违规操作，扣5～10分	10分		
定额时间 40 min		每超过 5 min（包括 5 min 以内），扣 5 分		成绩		

【技能训练二】 交流伺服电动机特性的测定

一、训练目的

（1）了解交流伺服电机。

（2）掌握交流伺服电机控制方法。

二、训练器材

（1）交流伺服电机。

（2）交流调压器。

（3）涡流测功机。

三、训练内容及要求

1. 交流伺服电动机实验原理图如图2-19所示。测定交流伺服电机机械特性，并在图 2-20 中绘制 $n=f(T)$ 曲线，$\alpha=1$。

（1）起动主电源，调节三相调压器，使 $U_C=U_N=220$ V；

（2）调节涡流测功机的给定调节，记录力矩与转速（见表2-4）。

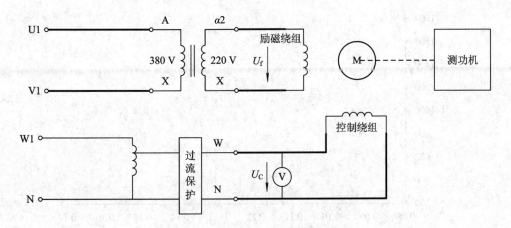

图 2 - 19 交流伺服电动机实验原理图

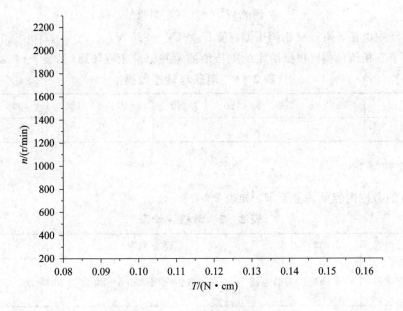

图 2 - 20 $n = f(T)$ 曲线

表 2 - 4 力矩与转速数据表

$T/(\text{N} \cdot \text{cm})$								
$n/(\text{r/min})$								

2. 测定交流伺服电机机械特性，并绘制 $n = f(T)$ 曲线，$\alpha = 0.75$。

(1) 起动主电源，调节三相调压器，使 $U_C = 0.75 U_N = 165$ V。

(2) 调节涡流测功机的给定调节，记录力矩与转速(见表 2 - 5)。

表 2 - 5 力矩与转速数据表

$T/(\text{N} \cdot \text{cm})$								
$n/(\text{r/min})$								

3. 测定交流伺服电机的调速特性，并绘制 $n = f(U_C)$ 曲线，如图 2 - 21 所示。

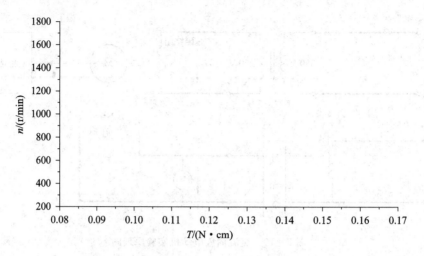

图 2-21　$n = f(T)$ 曲线

（1）起动主电源，调节三相调压器，使 $U_C = U_N = 220$ V。

（2）调节三相调压器，根据给定的电压值测定并记录相应转速（见表 2-6）。

表 2-6　电压与转速数据

U_C/V	220	200	180	160	140	120	100	80
n/(r/min)								

四、考核评价

本项目的考核内容及评分要求，如表 2-7 所示。

表 2-7　考核评价表

序号	项目内容	考核要求	评分细则	配分	扣分	得分
1	电路连接	正确连接实验电路	视接线情况酌情扣 5～20 分	15 分		
2	机械特性测定（$\alpha = 1$）	合理调节测功机给定值，正确测出并记录相应数据，正确绘制相应的曲线图	① 不能正确使用测功机，扣 5 分 ② 数据测量与记录有明显错误，每处扣 2 分 ③ 曲线图绘制错误，扣 10 分 ④ 器件损坏，每处扣 10 分	30 分		
3	机械特性测定（$\alpha = 0.75$）	合理调节测功机给定值，正确测出并记录相应数据，正确绘制相应的曲线图	① 不能正确使用测功机，扣 5 分 ② 数据测量与记录有明显错误，每处扣 2 分 ③ 曲线图绘制错误，扣 10 分 ④ 器件损坏，每处扣 10 分	30 分		

序号	项目内容	考核要求	评分细则	配分	扣分	得分
4	调速特性测定	合理调节电压给定值，正确测出并记录相应数据	① 不能正确使用测功机，扣5分 ② 数据测量与记录有明显错误，每处扣2分 ③ 器件损坏，每处扣10分	15分		
6	安全操作	安全文明规范操作	① 未穿戴防护用品，扣3分 ② 调试检修前未清点工具、仪器、耗材，扣2分 ③ 随意摆放工具、耗材和杂物，完成后不清理工位，扣2～5分 ④ 违规操作，扣5～10分	10分		
定额时间 40 min		每超过 5 min(包括 5 min)，扣 5 分		成绩		

项目 3

常用低压电器的选用、拆装与维修

【学习目标】

(1) 能说出电器和低压电器的概念。

(2) 能分辨常用低压电器的种类,能解释型号含义,能根据型号分辨常见的低压电器。

(3) 能说出各种常用低压电器的功能。

(4) 能正确识别各种常用低压电器的结构,会分析工作原理。

(5) 能说出各种常用低压电器的安装方法和选用原则。

(6) 能常用低压电器的常见故障及排除方法。

(7) 能熟练地画出各种低压电器的图形符号、文字符号。

【项目描述】

随着近年来科技的进步,在工业、农业、交通、国防,以及人们的日常用电系统中,多数采用低压供电,因此电器元件的质量将直接影响到低压供电系统的可靠性。在输送电能的输电线路和各种用电场合,也要使用不同的电器来控制电路的通断,对电路的各种参数进行调节。低压电器的运行、维护、检修水平将直接影响供用电的可靠性和用电设备的安全性及人身安全,作为电气设备工作者,我们在使用、推广低压电器时更要小心谨慎、不断学习以增强专业技术水平,才能为安全的电气行业做出更大的贡献。

本项目主要介绍在电力拖动和自动控制系统中应用广泛的低压控制和配电电器,以及低压电器的结构、工作原理、主要技术参数、使用场合、选用方法、维修方法。

【知识链接】

一、低压电器的基础知识

(一) 低压电器的定义

凡是根据外界特定的信号或要求,自动或手动接通、断开电路,以及能实现对电路或非电对象进行切换、控制、保护、检测、变换和调节目的的电器元件或设备统称为电器。电器按其工作电压的高低，以交流 1200 V、直流 1500 V 为界，可划分为高压电器和低压电器两大类。低压电器是指在交流额定频率 50 HZ、额定电压 1200 V 及以下，直流额定电压 1500 V 及以下的电路中，能根据外界的信号和要求，手动或自动地接通、断开电路，达起保护、控制、调节作用的元件或设备。

（二）低压电器的分类

低压电器的用途广泛，功能多样，种类繁多，结构各异，下面是几种常用低压电器的分类。

1. 按使用系统分类

（1）电力系统用电器：应用于发电、输电、变电、配电、用电设备及相应的辅助系统组成的电能生产、输送、分配、使用的统一整体，即电力系统用的电器。

（2）电力拖动及自动控制系统用电器：应用于以电动机作为原动机拖动机械设备运动的，并实现对机械设备的自动化控制的电器。

（3）自动化通信系统用电器：应用于以语音、数据、图像传输的基础，同时与外部通信网相连，与世界各地互通信息用的电器。

2. 按工作职能分类

（1）手动操作电器：通过人工手动操作来完成动作的电器。例如按钮、转换开关等。

（2）自动控制电器：通过信号或某些物理量的变化而自动动作的电器。例如接触器、继电器等。又分自动控制电器、自动切换电器、自动保护电器。

（3）其他系统用电器：主要有稳压与调压电器、起动与调速电器、检测与交换电器、牵引与传动电器。

3. 按工作原理分类

（1）电磁式电器：依据电磁感应原理来工作的电器。例如交直流接触器、各种电磁式继电器等。

（2）非电量控制电器：电器的工作是靠外力或某种非电物理量的变化而动作的电器。例如行程开关、热继电器、速度继电器、压力继电器、温度继电器等。

4. 按用途分类

（1）配电电器：用于电能输送和分配的电器。特点：分断能力强，限流效果好，动稳定性及热稳定性好。用处：低压供电系统。代表：刀开关、自动开关、隔离开关、转换开关、熔断器等。

（2）主令电器：用于自动控制系统中发送控制指令的电器。特点：操作频率较高，抗冲击，电器机械寿命要长。代表：按钮、主令开关、行程开关、万能开关等。

（3）控制电器：用于各种控制电路和控制系统的电器。特点：有一定的通断能力，操作频率要高，电器机械寿命要长。用处：电力拖动控制系统。代表：接触器、继电器、控制器、起动器等。

（4）执行电器：用于完成某种动作或传动功能的电器。用处：执行某种动作和传动功能。代表：电磁铁、电磁离合器等。

（5）保护电器：用于保护电路及用电设备的电器。特点：有一定的通断能力，反应灵敏，可靠性高。用处：对电路和电气设备进行安全保护。代表：熔断器、热继电器、安全继电器、避雷器等。

5. 按有无触点分类

（1）有触点电器：利用触点的接通和分断来切换电路，例如接触器、刀开关、按钮等。

（2）无触点电器：无可分离的触点。主要利用电子元件的开关效应，即导通和截止来实现电路的通、断控制。例如接近开关、霍尔开关、电子式时间继电器、固态继电器等。

（三）低压电器的组成

从结构上来看，低压电器一般都具有两个基本组成部分，一个是感受部分，它感受外界信号，并通过转换、放大、判断，作出有规律的反应，使执行部分动作，输出相应的指令，实现控制的目的。在自动控制电器中，感测部分接受外界输入的信号，对于有触头的电磁式电器，感测部分大都是电磁机构，而执行部分则是触头。在手动控制电器中，感受部分通常是操作手柄等。对于非电磁式的自动电器，感测部分因其工作原理不同而各有差异，但执行部分仍是触头。另一个是执行部分，例如触点连同灭弧系统，它根据指令，执行电路接通、切断等任务。

1. 电磁机构

电磁机构是各种自动化电磁式电器的主要组成部分之一，它将电磁能转换成机械能，产生电磁吸力并带动触点使之闭合或断开。电磁机构由吸引线圈和磁路两部分组成。磁路包括铁芯、衔铁、铁轭和气隙。

2. 执行机构

低压电器的执行机构一般由主触点及其灭弧装置组成。

1）低压电器的电弧

低压电器的触点在通电状态下动、静触点脱离接触时，由于电场的存在，使触点表面的自由电子大量溢出而产生电弧。电弧现象的存在不但会烧损触点金属表面、降低电器的寿命，还延长了电路的分断时间和分断能力，进而可能对设备或人员造成伤害，所以必须进行合理消除。

2）低压电器的灭弧方法

迅速增大电弧长度：长度增加、触点间隙增大、电场强度降低、散热面积增大、电弧温度降低、自由电子和空穴复合运动加强致使电荷容易熄灭。

冷却：使电弧与冷却介质接触，带走电弧热量，也可使离子的复合运动加强，从而使电弧熄灭。

（四）低压电器的作用

（1）控制作用：例如电梯的上下移动、快慢速自动切换与自动停层等。

（2）保护作用：能根据设备的特点，对设备、环境以及人身安全实行自动保护。例如电动机的过热保护、电网的短路保护、漏电保护等。

（3）测量作用：利用仪表及与之相适应的电器，对设备、电网或其他非电量参数进行测量。例如电流、电压、功率、转速、温度、压力等。

（4）调节作用：例如电动机速度的调节、柴油机油门的调整、房间温度和湿度的调节、光照度的自动调节等。

(5) 指示作用：显示检测出的设备运行状况与电气电路工作情况。

(6) 转换作用：例如被控装置操作的手动与自动的转换、供电系统的市电与自备电源的切换等。

当然，电器的作用远不止这些，随着科学技术的发展，新功能、新设备还会不断出现。

(五) 低压电器的主要技术指标

为保证电器设备安全可靠地工作，国家对低压电器的设计、制造规定了严格的标准，合格的电器产品具有国家标准规定的技术要求。我们在使用电器元件时，必须按照产品说明书中规定的技术条件选用。低压电器的主要技术指标有以下几项。

(1) 绝缘强度：指电器元件的触点处于分断状态时，动静头之间耐受的电压值（无击穿或闪络现象）。

(2) 耐潮湿性能：指保证电器可靠工作的允许环境潮湿条件。

(3) 极限允许温升：电器的导电部件，通过电流时将引起发热和温升，极限允许温升指为防止过度氧化和烧熔而规定的最高温升值（温升值＝测得实际温度－环境温度）。

(4) 操作频率：电器元件在单位时间（1 小时）内允许操作的最高次数。

(5) 寿命：电器的寿命包括电寿命和机械寿命两项指标。电寿命：指电器元件的触点在规定的电路条件下，正常操作额定负荷电流的总次数。机械寿命：指电器元件在规定使用条件下，正常操作的总次数。

(六) 低压电器的全型号表示法及代号含义

为了生产销售、管理和使用的方便，我国对各种低压电器都按规定编制型号。即由类别代号、组别代号、设计代号、基本规格代号和辅助规格代号等构成低压电器的全型号。每一级代号后面可根据需要加设派生代号。产品全型号的意义如图 3-1 所示。

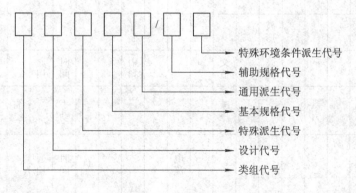

图 3-1 低压电器的全型号表示法及代号含义

低压电器全型号各部分必须使用规定的符号或数字表示，其含意如下：

(1) 类组代号：包括类别代号和组别代号，用汉语拼音字母表示，代表低压电器元件所属的类别，以及在同一类电器中所属的组别。

(2) 设计代号：用数字表示，表示同类低压电器元件的不同设计序列。

（3）特殊派生代号：用字母表示，说明全系列在特殊情况下变化特征。

（4）基本规格代号：用数字表示，表示同一系列、同一规格产品中的有某种区别的不同产品。

（5）通用派生代号：用字母表示，表示特点、性质等，具体见表3-1。

其中类组代号与设计代号的组合表示产品的系列，一般称为电器的系列号。同一系列的电器元件的用途、工作原理和结构基本相同，而规格、容量则根据需要可以有许多种。例如：JR16是热继电器的系列号，同属这一系列的热继电器的结构、工作原理都相同；但其热元件的额定电流从零点几安培到几十安培，有十几种规格。其中辅助规格代号为3D的有三相热元件，装有差动式断相保护装置，因此能对三相异步电动机有过载和断相保护功能。低压电器类组代号及派生代号的意义见表3-1和表3-2。国外产品或国外引进产品，按原型号。

表3-1 低压电器类组代号

代号	名称	A	B	C	D	G	H	J	K	L	M	P	Q	R	S	T	U	W	X	Y	Z
H	刀开关和转换开关				刀开关		封闭式负荷开关	开启式负荷开关						熔断器式刀开关	刀形转换开关			其他		组合开关	
R	熔断器				插入式		汇流排式		螺旋式	封闭管式					快速			限流		其他	
D	自动开关									灭磁					快速	框架式		限流		其他	塑料外壳式
K	控制器					鼓形					平面				凸轮					其他	
C	接触器				高压			交流			中频			时间	通用					其他	直流
Q	起动器	按钮式		磁力				减压						手动		油浸		星三角		其他	综合
J	控制继电器								电流			热		时间	通用	温度				其他	中间
L	主令电器	按钮						接近开关	主令控制器					主令开关	足踏开关	旋钮	万能转换开关	行程开关		其他	

代号	名称	A	B	C	D	G	H	J	K	L	M	P	Q	R	S	T	U	W	X	Y	Z
Z	电阻		板形元件	冲片元件	铁铬铝带型元件	管形元件								烧结元件	铸铁元件				电阻器	其他	
B	变阻器			旋臂式						励磁	频敏	起动		石墨	起动调速	油浸起动	液体起动		滑线式	其他	
T	调整器				电压																
M	电磁铁											牵引					起重		液压		制动
A	其他		触电保护器	插销	灯	接线盒				电铃											

表 3 - 2 低压电器类派生代号

派生字母	代 表 意 义	
A、B、C、D……	结构设计稍有改进或变化	
C	插入式	
J	交流、防溅式	
Z	直流、自动复位、防震、重任务、正向	
W	无灭弧装置、无极性	
N	可逆、逆向	
S	有锁住机构、手动复位、防水式、三相、三个电源、双线圈	
P	电磁复位、防滴式、单相、两个电源、电压的	
K	保护式、带缓冲装置	
H	开启式	
M	密封式、灭磁、母线式	
Q	防尘式、手车式	
L	电流的	
F	高返回、带分励脱扣	
T	按(湿热带)临时措施制造	此 3 项派生字母加注在全型号字母之后
TH	湿热带	
TA	干热带	

（七）低压电器的发展方向

随着新技术的出现，以高性能、智能化、网络化、高分断、小型化、模块化、节能化、通用化为主要特征的新一代智能化低压电器将成为市场主流产品。我国低压电器产品将从过去注重追求高产量，逐步向高性能、高可靠性、智能化、模块化且绿色环保等方面转型。在制造技术上，已开始向提高专业工艺水平方面转型。在零件加工上，已开始向高速化、自动化、专业化转型。在产品外观上，已开始向人性化、美观化方面转型。

低压电器企业要尽快采用统一标准，随时注意国际标准的动向。新产品的研发从产品设计开始就要考虑材料的选择、制造工艺符合国际标准，使我国低压电器产品能真正发展成为"绿色、环保、低碳"的国际化电器产品。当前低压电器在结构设计上广泛应用模块化、组合化、模数化和零部件通用化。模块化使电器制造过程大为简便，通过不同模块积木式的组合，使电器可获得不同的附加功能。组合化使不同功能的电器组合在一起，有利于电器结构紧凑，减少线路中所需的元件品种，并使保护特性得到良好的配合。模数化使电器外形尺寸规范化，便于安装和组合。不同额定值或不同类型电器实现零部件通用化，对制造厂商来说，将大大减小产品的开发和生产的费用；对用户来说，也便于维修和减少零部件的库存量。同时，加大研发投入，包括装备、设计、材料、工艺等，以缩短同国外企业的差距，这就需要提高我国的制造工艺和制造装备。

电气技术人员只有掌握低压电器的基本知识和常用低压电器的结构及工作原理，并能准确选用、检测和调整常用低压电器元件，才能够分析设备电气控制系统的工作原理，处理一般故障及维修。

二、开关电器的应用

开关电器是指隔离、转换电路，并在规定条件下手动接通和分断电路的电器。它包括刀开关、隔离开关、负荷开关、转换开关、组合开关及空气断路器等。刀开关结构简单，手动操作，在低压控制柜中可作为电源的引入开关。在机床中组合开关和自动开关的应用也很广泛。

（一）分类

（1）按刀的极数分：单极、双极和三极。能同时通过一只开关切换相互独立电路的数量，称为该开关的极数。图 3-2(a)只有一个电路可通过开关，因而称其为单极开关，即1P。图 3-2(b)中有两条独立的电路，可同时通过一只开关，因而称其为双极开关，即2P。依此类推，还有3P、4P。

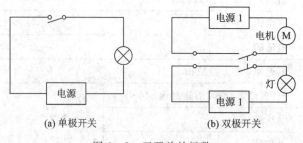

(a) 单极开关　　　　　(b) 双极开关

图 3-2　刀开关的极数

（2）按刀的转换方向分为：单投、双投和三投等。一只开关的一极所能控制接有负载的电路数量，称为该开关的投数。图 3-3(a)中，开关只能控制一条接有负载的电路，称之为单投开关，即 1T。图 3-3(b)中，开关的一个极分别处于 1、2 位置时，能分别控制两条接有负载的电路，称之为双投开关，即 2T。依此类推，还有 3T、4T。

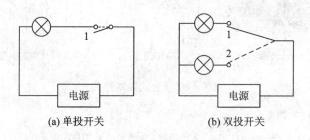

(a) 单投开关　　　　　　(b) 双投开关

图 3-3　刀开关的投数

（3）其他分类。按有无灭弧装置分：有灭弧装置和无灭弧装置。按有无熔断器分有熔断器和无熔断器。按操作方式分：手柄操作和远距离连杆操作或正面操作和背面操作。按是否有负载运行分：有载运行操作、无载运行操作、选择性运行操作。按接线方式分：板前接线和板后接线。

（二）常见开关电器

1. 刀开关

刀开关是带有动触头(闸刀)，并通过它与底座上的静触头(刀夹座)相契合(或分离)，以接通(或分断)电路的一种开关。

刀开关通常由绝缘底板、动触刀、静触座、灭弧装置和操作机构组成。

根据工作原理、使用条件和结构形式的不同，刀开关可分为刀形转换开关、开启式负荷开关(胶盖瓷底刀开关)、封闭式负荷开关(铁壳开关)、熔断器式刀开关和组合开关等。根据刀的极数和操作方式，刀开关可分为单极、双极和三极。通常，除特殊的大电流刀开关有电动机操作外，一般都采用手动操作方式。

常用的刀开关有 HD 型单投刀开关、HS 型双投刀开关(刀形转换开关)、HR 型熔断器式刀开关、HZ 型组合开关、HK 型闸刀开关、HY 型倒顺开关和 HH 型铁壳开关等。

刀开关的技术参数主要有额定电压、额定电流、通断能力、动稳定电流、热稳定电流等。常用的三极开关额定电流有 100 A、200 A、400 A、600 A、1000 A 等。

刀开关的选择：一要关注结构形式的选择，应该根据刀开关的作用和装置的安装形式来选择是否带有灭弧装置；如果开关用于分断负载电流，应选择带灭弧装置的刀开关。二要关注额定电流的选择，一般应等于或大于所分断电路中各个负载电流的总和。

（1）开启式隔离开关(不带熔断器式刀开关)：用作不频繁地手动接通或断开交、直流电路和隔离电源，可用于动力站中不能切断带有电流的电路，目的是形成明显的断点。通常是垂直安装，刀片向下为断开。安装时电源线接在刀座上方，负载线应接在刀片下面的另一端。开启式隔离开关的外形如图 3-4(a)所示，其结构如图 3-4(b)所示，其图形符号和文字符号如图 3-4(c)所示，其型号及含义如图 3-5 所示。

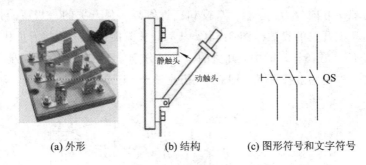

(a) 外形   (b) 结构   (c) 图形符号和文字符号

图 3-4　开启式隔离开关

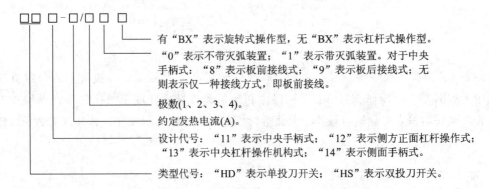

有"BX"表示旋转式操作型，无"BX"表示杠杆式操作型。
"0"表示不带灭弧装置；"1"表示带灭弧装置。对于中央
手柄式："8"表示板前接线式；"9"表示板后接线式；无
则表示仅一种接线方式，即板前接线。
极数(1、2、3、4)。
约定发热电流(A)。
设计代号："11"表示中央手柄式；"12"表示侧方正面杠杆操作式；
"13"表示中央杠杆操作机构式；"14"表示侧面手柄式。
类型代号："HD"表示单投刀开关；"HS"表示双投刀开关。

图 3-5　开启式隔离开关的型号及含义

（2）带熔断器式刀开关：也称瓷底胶盖开关。这种刀开关没用罩封闭起来，熔断器和刀闸外露，只能开闭负荷电流，所以又称为开启式负荷开关。

这种开关没有灭弧装置，易被电弧烧坏，合闸、拉闸动作要迅速，不宜带重负载接通或分断电路。需要装在专用的柜子内，以免操作人员误接触发生事故。可用作电源开关、隔离开关和应急开关，并作电路保护。它主要用在频率为 50 Hz，电压低于 380 V，电流小于 60 A 的电力线路中，还可用作一般照明、电热等回路的控制开关，也可以用作分支线路的配电开关。

用于普通照明电路时，作为隔离或负载开关，一般选择开关的额定电压大于或等于 220 V、额定电流大于或等于电路最大工作电流的两极开关。用于电动机控制时，如果电动机功率小于 5.5 kW，可直接用于电动机的起动、停止控制；如果电动机功率大于 5.5 kW，则只能作为隔离开关使用。选用时，应选择开关的额定电压大于或等于 380 V、额定电流大于电动机额定电流 3 倍的三极开关。

带熔断器式开关通常是垂直安装的，刀片向下表示断开，不得倒装或平装，倒装时手柄有可能因自重下滑而引起误合闸，造成安全事故。安装时电源线接在刀座上方，负载线应接在刀片下面的熔丝的另一端，拉闸后刀开关与电源隔离，便于更换熔丝。带熔断器式刀开关的外形如图 3-6(a) 所示，其图形符号和文字符号如图 3-6(b) 所示，其结构如图 3-6(c) 所示。瓷底胶盖开关一般为 HK 系列产品，负荷开关由刀开关和熔断器组合而成，其型号及含义如图 3-7 所示。

刀开关常见故障及处理方法如表 3-3 所示。

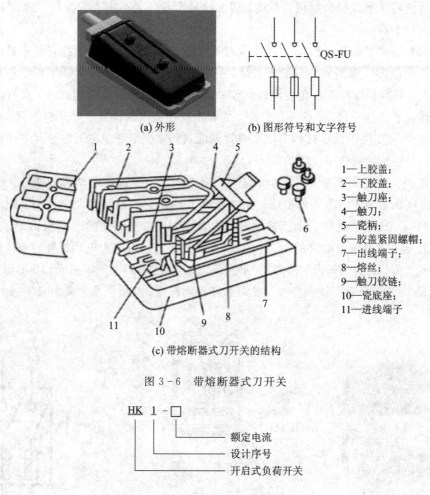

(a) 外形　　(b) 图形符号和文字符号

1—上胶盖；
2—下胶盖；
3—触刀座；
4—触刀；
5—瓷柄；
6—胶盖紧固螺帽；
7—出线端子；
8—熔丝；
9—触刀铰链；
10—瓷底座；
11—进线端子

(c) 带熔断器式刀开关的结构

图 3-6　带熔断器式刀开关

图 3-7　带熔断器式刀开关的型号及含义

HK 1 - □

额定电流
设计序号
开启式负荷开关

表 3-3　刀开关常见故障及处理方法

故障现象	可能的原因	处理方法
合闸后，开关一相或两相开路	① 静触头弹性消失，开口过大，造成动、静触头接触不良 ② 熔丝熔断或虚连 ③ 动、静触头氧化或有尘污 ④ 开关进线或出线头接触不良	① 修整或更换静触头 ② 更换熔丝或紧固 ③ 清洁触头 ④ 重新连接
合闸后，熔丝熔断	① 外接负载短路 ② 熔体规格偏小	① 排除负载短路故障 ② 按要求更换熔体
触头烧坏	① 开关容量太小 ② 拉、合闸动作过慢，造成电弧过大，烧坏触头	① 更换开关 ② 修整或更换触头，并改善操作方法

2. 封闭式负荷开关

封闭式负荷开关由刀开关、灭弧装置、熔断器和钢板外壳构成，也称铁壳开关。由于外壳用金属或电工绝缘材料制成并封闭，因此这种负荷开关不用再装在柜子内，可以外露，不会发生人身事故。

封闭式负荷开关的特点有：① 触头设有灭弧室（罩），电弧不会喷出，可不必顾虑会发生相间短路事故；② 熔断丝的分断能力高，一般为 5 kA，高者可达 50 kA 以上；③ 有坚固的封闭外壳，可保护操作人员免受电弧灼伤；④ 操作机构为储能合闸式的，且有机械联锁装置，使得盖子在打开时，手柄不能合闸，或者手柄在合闸的位置上盖子打不开，从而保证了操作的安全；⑤ 由于操作机构采用了弹簧储能式，加快了开关的通断速度，使电能能快速通断，而与手柄的操作速度无关。

封闭式负荷开关主要用于多灰尘的场所，适宜小功率电机的起动和分断等。选用时要注意：额定电压不小于线路工作电压。用铁壳开关控制电加热和照明电路时，额定电流不小于所有负载额定电流之和。用于控制异步电动机时，由于开关的通断能力为 $4I_N$，而电动机全压起动电流是额定电流的 4～7 倍，故开关的额定电流应为电动机额定电流的 1.5 倍以上。封闭式负荷开关的外形如图 3-8(a)所示，其结构如图 3-8(b)所示，其图形符号和文字符号如图 3-8(c)所示。铁壳开关一般为 HH 系列产品，其型号及含义如图 3-9 所示。

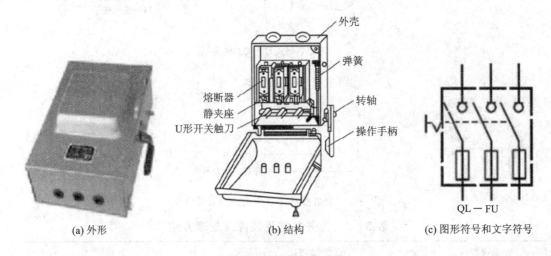

| (a) 外形 | (b) 结构 | (c) 图形符号和文字符号 |

图 3-8　封闭式负荷开关

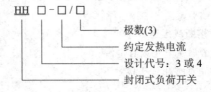

图 3-9　封闭式负荷开关的型号及含义

封闭式负荷开关的安装及注意事项：① 封装式负荷开关必须垂直安装，安装高度一般离地不低于 1.3～1.5 m，并以操作方便和安全为原则；② 开关外壳的接地螺钉必须可靠接地；③ 接线时，应将电源进线接在静夹座一边的接线端子上，负载引线接在熔断器一边的接线端子上，且进出线都必须穿过开关的进、出线孔；④ 分合闸操作时，要站在开关的手柄侧，不准面对开关，以免因电流故障使开关爆炸，铁壳飞出伤人。

封闭式负荷开关常见故障及排除方法如表 3-4 所示。

表 3-4 封闭式负荷开关常见故障及排除方法

故障现象	可能的原因	处理方法
操作手柄带电	① 外壳未接地或接地线松脱 ② 电源进出线绝缘损坏碰壳	① 检查后，加固接地导线 ② 更换导线或恢复绝缘
夹座（静触头）过热或烧坏	① 夹座表面烧毛 ② 闸刀与夹座压力不足 ③ 负载过大	① 用细锉修整夹座 ② 调整夹座压力 ③ 减轻负载或更换更大容量开关

3. 组合开关

组合开关采用叠装式触头元件组合成旋转操作，故又称转换开关，其属于刀开关类型。

组合开关的基本结构是静触头一端固定在胶木盒中，另一端伸出盒外，与电源或负载相连。动触片套在绝缘方轴上，绝缘方轴每次做 90°顺时针或逆时针的转动，使动静触头接通。组合开关的特点是用动触片代替闸刀，以左右旋转操作代替刀开关的上下分合操作，结构紧凑，安装面积小，控制容量较小，操作方便。

组合开关有单极、双极、三极、四极几种，额定持续电流有 10 A、25 A、60 A、100 A 等多种。普通型的组合开关，可用于机床和配电箱，可用作电源的引入开关；通断小电流电路；控制 5 kW 以下的电动机起停或使电动机正反转；也可作为机床照明电路的控制开关。组合开关应根据电源种类、电压等级、所需触头数、接线方式和负载容量进行选用。当用于电动机控制时，其起动、停止的操作频率应小于 15～20 次/小时；当用于控制电动机正、反转时，必须等电动机完全停止后才能接通反转电路，否则会因为反转起动电流大而损坏开关。组合开关的外形如图 3-10(a)所示，其结构如图 3-10(b)所示，其图形符号和文字符号如图 3-10(c)所示。

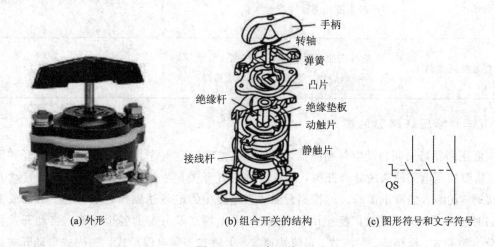

(a) 外形　　　　　(b) 组合开关的结构　　　　　(c) 图形符号和文字符号

图 3-10 组合开关

组合开关一般为 HZ 系列产品，其型号及含义如图 3-11 所示。

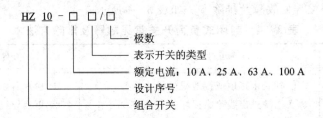

图 3-11 组合开关的型号及含义

组合开关应根据电源种类、电压等级、所需触头数、接线方式和负载容量进行选用。用于直接控制异步电动机的起动和正、反转时，开关的额定电流一般取电动机额定电流的 1.5 倍～2.5 倍。

组合开关在安装与使用时应注意以下事项：① 安装在控制箱（柜）内；操作手柄安装在易于操作的地方（前面或侧面），即开关为断开状态时应使手柄在水平位置；接地可靠。② 箱（柜）内操作时，应在右上方。③ 通断能力低，不能用来分断故障电流控制电动机正反转时，必须完全停转后才能接通反转接触器；每小时通断次数不超过 20 次。

组合开关的常见故障及处理方法如表 3-5 所示。

表 3-5　组合开关的常见故障及处理方法

故障现象	可能的原因	处理方法
手柄转动后，内部触头未动	① 手柄上的轴孔磨损变形 ② 绝缘杆变形（由方形磨为圆形） ③ 手柄与方轴或轴与绝缘杆配合松动 ④ 操作机构损坏	① 调换手柄 ② 更换绝缘杆 ③ 紧固松动部件 ④ 修理更换
手柄转动后，动、静触头不能按要求动作	① 组合开关型号选用不正确 ② 触头角度装配不正确 ③ 触头推动弹性或接触不良	① 更换开关 ② 重新装配 ③ 更换触头或清除氧化层或尘污
接线柱间短路	因铁屑或油污附着在接线柱间，形成导电层，将胶木烧焦，绝缘损坏而形成短路	更换开关

（三）低压断路器的应用

低压断路器又叫自动空气断路器，因为触头是在以空气作为灭弧的介质中断开和闭合的，从而控制电气回路的分合开关，所以俗称空气开关，是自动开关中的一种。自动开关是接通、切断或隔离电源的一种控制设备，当电路中的电流达到预定值、电压不足或发生短路时能自动断开。它被广泛应用于电能的生产、输送及分配的各个环节。自动开关按结构分为塑壳式、框架式、限流式、直流快速式、灭磁式和漏电保护式。塑壳式自动开关就是低压断路器。

1. 低压断路器

低压断路器相当于刀开关、熔断器、热继电器、过电流继电器的组合。它是一种既有手动开关的作用，又能进行自动失压、欠压、过载和短路保护的开关电器，应用极为广泛。

低压断路器按结构可分为框架式（万能式）低压断路器、塑料外壳（装置式）低压断路器；按用途可分为配电用低压断路器、电动机保护用低压断路器、照明用低压断路器、漏电保护用低压断路器；按分断时间可分为一般型低压断路器（分断时间 $t > 30 \sim 40$ ms）、快速型低压断路器（$t < 10 \sim 20$ ms）；按安装方式可分为固定式和抽屉式；按接线方式可分为板前接线、板后接线、插入式接线、抽出式接线和导轨式接线等；按极数可分为单极、两极、三极和四极，如图 3-12 所示。

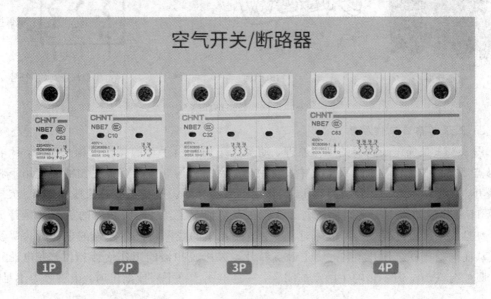

图 3-12 按极数分类的低压断路器

低压断路器可用于分配电能、频繁起动的异步电动机，并对电动机及电源线路进行保护，当它们发生严重过载、短路或欠电压等故障时能自动切断电源。低压断路器既是控制电器，同时又具有保护电器的功能。当电路中发生短路、过载等故障时，能自动切断电路。

1）低压断路器结构

低压断路器主要由主触点及灭弧装置、脱扣器、自由脱扣机构和操作机构等组成。

（1）主触点及灭弧装置：主触点用来接通和分断主电路，并装有灭弧装置。

（2）脱扣器：是断路器的感受元件。当电路出现故障时，脱扣器在感测到故障信号后，自由脱扣机构将使断路器主触点分断。

（3）自由脱扣机构和操作机构：自由脱扣机构是用来联系操作机构与主触点的机构，当操作机构处于闭合位置时，也可操作分励脱扣器进行脱扣，从而将主触点分开。

低压断路器的外形如图 3-13(a)所示，其结构如图 3-13(b)所示，其图形符号和文字符号如图 3-13(c)所示。

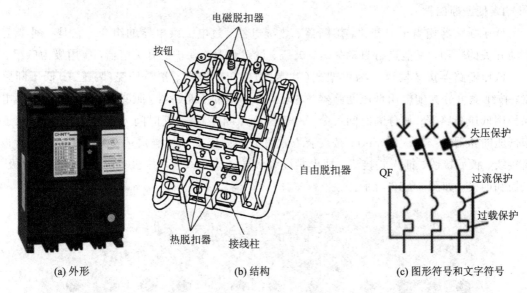

图 3-13　低压断路器

2）低压断路器工作原理

图 3-14 是低压断路器的工作原理，动触点 1 通常由手动的操作机构来闭合，闭合后主触点 2 被搭扣 4 锁住。如果电路中发生故障，脱扣机构 3 就在有关脱扣器的作用下将搭扣脱开，于是动触点 1 在释放弹簧 16 的作用下迅速分断。脱扣器有过流脱扣器 6、欠压脱扣器 11 和热脱扣器 13，它们都是电磁铁。在正常情况下，过流脱扣器的衔铁 8 是释放着的，一旦发生严重过载或短路故障时，与主电路相串的线圈将产生较强的电磁吸力吸引衔铁，从而推动杠杆 7 顶开锁钩，使主触点断开。欠压脱扣器的工作恰恰相反，在电压正常时，吸住衔铁 10，但不影响主触点的闭合，一旦电压严重下降或断电时，电磁吸力不足或

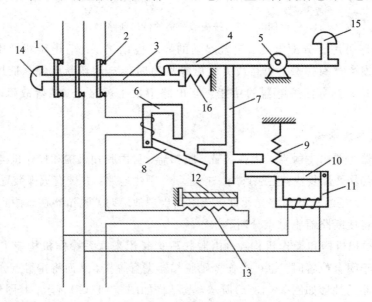

图 3-14　低压断路器的工作原理

消失，衔铁被就会释放，从而推动杠杆，使主触点断开。当电路发生一般性过载时，过载电流虽不能使过流脱扣器动作，但能使热元件 13 产生一定的热量，促使双金属片 12 受热向上弯曲，从而推动杠杆使搭钩与锁钩脱开，将主触点分开。

3）低压断路器技术参数

（1）额定电压：指断路器在电路中长期工作的允许电压。

（2）额定电流：指脱扣器允许长期通过的电流。

（3）断路器壳架等级额定电流：指每一种框架或塑壳中能安装的最大脱扣器的额定电流。

（4）断路器的通断能力：指在规定操作条件下，断路器能接通和分断短路电流的能力。

4）低压断路器的型号

低压断路器的型号含义如图 3 - 15 所示。

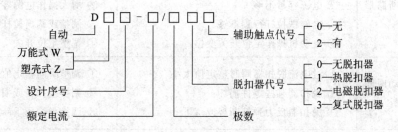

图 3 - 15　低压断路器的型号含义

5）低压断路器的选择、安装与使用

低压断路器的选择原则如下：

（1）根据使用场所，选择不同的型号、规格和操作方式。

（2）低压断路器的额定工作电压≥电路额定电压。

（3）低压断路器的额定电流≥电路计算负载电流。

（4）热脱扣器的整定电流＝所控制负载的额定电流。

（5）电磁脱扣器的瞬时脱扣整定电流应大于负载正常工作时可能出现的峰值电流。用于控制电动机的断路器，其瞬时脱扣整定电流可按下式选取：

$$I_Z \geqslant K I_{st}$$

式中：K 为安全系数，可取 1.5～1.7；I_{st} 为电动机的起动电流。

（6）欠压脱扣器的额定电压应等于线路电压。

（7）断路器的极限通断能力应不小于电路最大短路电流。

低压断路器的安装与使用应注意以下事项：

（1）垂直于配电板安装，上进下出；用作电源总开关或电动机控制开关时，电源进线侧必须加装刀开关或熔断器；清洁脱扣器油脂并整定；检查脱扣器动作值，使机械部分保持润滑。

（2）当断路器与熔断器配合使用时，熔断器应装于断路器之前，以保证使用安全。

（3）电磁脱扣器的整定值不允许随意更动，使用一段时间后应检查其动作的准确性。

（4）断路器在分断短路电流后，应在切除前级电源的情况下及时检查触点。如果有严重的电灼痕迹，可用干布擦去；若发现触点烧毛，可用砂纸或细锉小心修整。

6）低压断路器的常见故障及修理方法

低压断路器的常见故障及修理方法如表 3-6 所示。

表 3-6　低压断路器的常见故障及修理方法

故障现象	产生原因	修理方法
手动操作断路器不能闭合	① 电源电压太低 ② 热脱扣的双金属片尚未冷却复原 ③ 欠电压脱扣器无电压或线圈损坏 ④ 储能弹簧变形，导致闭合力减小 ⑤ 反作用弹簧力过大	① 检查电路并调高电源电压 ② 待双金属片冷却后再合闸 ③ 检查电路，施加电压或调换线圈 ④ 调换储能弹簧 ⑤ 重新调整弹簧反力
电动操作断路器不能闭合	① 电源电压不符 ② 电源容量不够 ③ 电磁铁拉杆行程不够 ④ 电动机操作定位开关变位	① 调换电源 ② 增大操作电源容量 ③ 调整或调换拉杆 ④ 调整定位开关
电动机起动时断路器立即分断	① 过电流脱扣器瞬时整定值太小 ② 脱扣器某些零件损坏 ③ 脱扣器反力弹簧断裂或落下	① 调整瞬间整定值 ② 调换脱扣器或损坏的零部件 ③ 调换弹簧或重新装好弹簧
分励脱扣器不能使断路器分断	① 线圈短路 ② 电源电压太低	① 调换线圈 ② 检修电路调整电源电压
欠电压脱扣器噪声大	① 反作用弹簧力太大 ② 铁芯工作面有油污 ③ 短路环断裂	① 调整反作用弹簧 ② 清除铁芯油污 ③ 调换铁芯
欠电压脱扣器不能使断路器分断	① 反力弹簧弹力变小 ② 储能弹簧断裂或弹簧力变小 ③ 机构生锈卡死	① 调整弹簧 ② 调换或调整储能弹簧 ③ 清除锈污

2. 漏电保护断路器

另外一部分低压断路器还具有漏电保护功能，具有这一保护功能的低压断路器又称为漏电保护断路器，简称漏保断路器。实际上它是漏电保护器与断路器的结合体。常见的漏保断路器有 1P+N、2P、3P、3P+N、4P，型号上有 LE 字样，实物如图 3-16 所示。

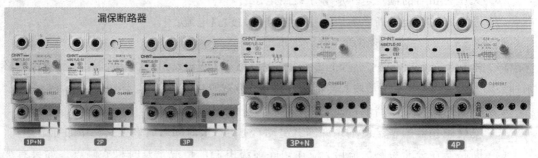

图 3-16　常见的漏保断路器

1) 漏电保护器

漏电保护器在反应触电和漏电保护方面具有高灵敏性和动作快速性，是其他保护电器无法比拟的，例如熔断器、空气开关等。空气开关和熔断器正常时要通过负荷电流，它们的动作保护值要超过正常负荷电流才能进行整定，因此它们的主要作用是用来切断系统的相间短路故障（有的空气开关还具有过载保护功能）。而漏电保护器是利用系统的剩余电流反应和动作的，正常运行时系统的剩余电流几乎为零，故它的动作整定值可以整定得很小（一般为 mA 级）。当系统发生人身触电或设备外壳带电时，就会出现较大的剩余电流，漏电保护器在检测和处理这个剩余电流后可靠地动作，切断电源。漏电保护器在减少人体触电、防止漏电、防止触电、防止设备漏电等方面都有明显的作用。

那么漏电保护器是如何起到保护作用的呢？

2) 漏电保护器的结构及工作原理

我们知道，电气设备漏电时，将呈现异常的电流或电压信号，漏电保护器通过检测、处理此异常电流或电压信号，促使执行机构动作。我们把根据故障电流动作的漏电保护器叫电流型漏电保护器，根据故障电压动作的漏电保护器叫电压型漏电保护器。电压型的基本原理是测量电气设备绝缘损坏后金属外壳和大地之间的电位差，当电压超过规定的安全电压时，开关动作，切断电源。但是由于地下的金属管道、构件、接地极很多，要获得地电位很困难，不能得到准确的电气设备绝缘损坏后金属外壳和大地之间的电位差。因此作用于电压型漏电保护器脱扣器的电压很小，一般电压型漏电保护器脱扣器的电压在 25 V 左右。又由于电压型漏电保护器结构复杂，受外界干扰的动作特性稳定性差，制造成本高，因此电压型漏电保护器已被淘汰。目前国内外漏电保护器的研究和应用均以电流型漏电保护器为主。

电流型漏电保护器是以电路中零序电流的一部分（通常称为残余电流）作为动作信号，且多以电子元件作为中间机构，灵敏度高，功能齐全，因此这种保护装置得到越来越广泛的应用。电流型漏电保护器的构成有以下四个部分。

(1) 检测元件。检测元件可以说是一个零序电流互感器，如图 3-17 所示。被保护的相线、中性线穿过环形铁芯，构成了互感器的一次线圈 N1，缠绕在环形铁芯上的绕组构成了互感器的二次线圈 N2。如果没有漏电发生，这时流过相线、中性线的电流向量之和等于零，因此在 N2 上也不能产生相应的感应电动势。如果发生了漏电，相线、中性线的电流向量之和不等于零，就使线圈产生感应电动势，这个信号就会被送到中间环节进行进一步的处理。

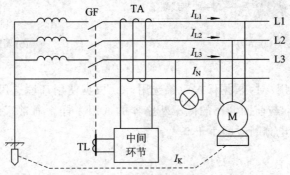

图 3-17　电流型漏电保护器

(2) 中间环节。中间环节通常包括放大器、比较器、脱扣器。当中间环节为电子式时，中间环节还要辅助电源来提供电子电路工作所需的电源。中间环节的作用就是对来自零序互感器的漏电信号进行放大和处理，并将其输出到执行机构。

（3）执行机构。该结构用于接收中间环节的指令信号，实施动作，自动切断故障处的电源。

（4）试验装置。由于漏电保护器是一个保护装置，因此应定期检查其是否完好、可靠。试验装置就是通过试验按钮和限流电阻的串联，模拟漏电路径，以检查装置能否正常动作。

在被保护电路工作正常，没有发生漏电或触电的情况下，由基尔霍夫定律可知，通过TA一次侧的电流相量之和等于零，这使得TA铁芯中的磁通的相量之和也为零。这样TA的二次侧不产生感应电动势，漏电保护器不动作，系统保持正常供电。

当被保护电路发生漏电或有人触电时，由于漏电电流的存在，如果通过TA一次测的各相电流的相量之和不再等于零，那么就可断定产生了漏电电流 I_K。这使得TA铁芯中的磁通的相量之和也不为零。在铁芯中出现了交变磁通。在交变磁通作用下，TL二次侧线圈就有感应电动势产生，此漏电信号经中间环节进行处理和比较，当达到预定值时，使主开关分励脱扣器线圈TL得电，驱动主开关GF自动跳闸，切断故障电路，从而实现保护。

3）漏电保护断路器

漏电保护断路器是带漏电保护功能的断路器，功能同断路器，是一种不仅能够接通和分断正常负荷电流和过负荷电流，而且能够接通和分断短路电流，还具有一定的保护功能的断路器，例如负荷、短路、欠压和漏电等。漏电保护断路器适用于交流 50 Hz 和 60 Hz，额定电压为 230 V 或 400 V、额定电流为 63A 线路的过载和短路保护，也可以在正常情况下作为线路的不频繁操作转换之用。漏电保护断路器的结构如图 3-18(a)所示；其图形符号和文字符号如图 3-18(b)所示。

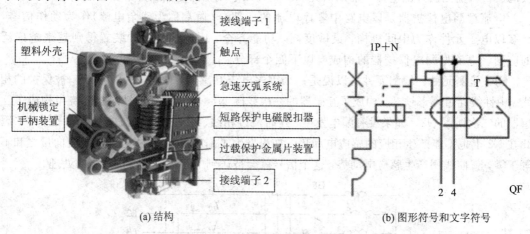

（a）结构　　　　　　　　　　　　　　（b）图形符号和文字符号

图 3-18　漏电保护断路器

漏电断路器的选用：① 根据保护对象选用；② 根据使用环境选用；③ 根据额定电流、额定电压、极数选用，与前面介绍的低压断路器的选用一样。通常家用漏电断路器的漏电电流小于 30 mA，漏电分断时间小于 0.1 s。

三、主令电器的应用

主令电器是用来在控制系统中接通和分断控制电路以发布命令或对生产过程作程序控制的开关电器。它包括控制按钮（简称按钮）、行程开关、万能转换开关、主令开关和主令控制器等，另外还有踏脚开关、接近开关、钮子开关等。它们一般用于控制接触器、继电器或其他电气线路的接通、分断，以此来实现对电力传输系统或者生产过程的自动控制。

（一）按钮

按钮是一种手动操作接通或分断小电流控制电路的主令电器。一般情况下它不直接控制主电路的通断，而是利用按钮远距离发出手动指令或信号去控制接触器、继电器等电磁装置，实现主电路的分合、功能转换或电气联锁。它只能短时接通或分断 5A 以下的小电流电路，向其他电器发出指令性的电信号，控制其他电器动作。由于按钮载流量小，因此不能直接用于控制主电路的通断。

1. 按钮结构

按钮一般由按钮帽、复位弹簧、动触点、静触点和外壳等部件组成，如图 3 - 19 所示。

2. 按钮分类

（1）按保护形式分：开启式、保护式、防水式、防腐式等。

（2）按结构形式分：嵌压式、紧急式、钥匙式、旋钮式、带信号灯式、带灯揿钮式等。

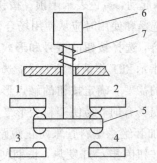

1、2—动断静触点；
3、4—动合静触点；
5—桥式动触点；
6—按钮帽；
7—复位弹簧

图 3 - 19　按钮结构

（3）按颜色分：红、黑、绿、白、蓝等。

（4）由于按钮的触点结构、数量和用途的不同，它又分为停止按钮（动断按钮）、起动按钮（动合按钮）和复合按钮（既有动断触点，又有动合触点）。复合按钮，在按下按钮帽令其动作时，首先断开动断触点，再通过一定行程后才接通动合触点；松开按钮帽时，复位弹簧先将动合触点分断，通过一定行程后动断触点才闭合。

3. 按钮的图形与文字符号

按钮的图形与文字符号，如图 3 - 20 所示。

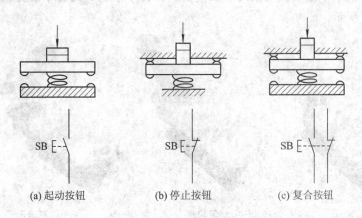

(a) 起动按钮　　　　(b) 停止按钮　　　　(c) 复合按钮

图 3 - 20　按钮的图形与文字符号

4. 按钮型号的含义

按钮型号的含义如图 3－21 所示。

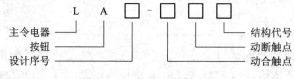

图 3－21 按钮型号的含义

5. 按钮的选择与使用

按钮主要用于操纵接触器、继电器或电气连锁电路，以实现对各种运动的控制。一般红色表示停止，绿色表示起动，黄色表示干预。按钮的主要技术参数有：规格、结构形式、触点对数和按钮颜色等。选择和使用时应从使用场合、所需触点数及按钮帽的颜色等因素考虑。

（1）根据使用场合，选择按钮的型号和形式。

（2）按工作状态指示和工作情况的要求，选择按钮和指示灯的颜色。

（3）按控制回路的需要，确定按钮的触点形式和触点的组数。

（4）按钮用于高温场合时，易使塑料变形老化而导致松动，引起接线螺钉间相碰短路，对此可在接线螺钉处加套绝缘塑料管来防止短路。

（5）带指示灯的按钮因指示灯发热，长期使用易使塑料灯罩变形，对此应降低指示灯电压，延长使用寿命。

（二）行程开关

行程开关又称限位开关或位置开关，它利用生产机械运动部件的碰撞，使其内部触点动作，分断或切换电路，从而控制生产机械行程、位置或改变其运动状态。它是用来反映工作机械的行程位置，并发出指令，以控制其运动方向和行程大小的主令电器。

行程开关被用来限制机械运动的位置或行程，使运动机械按一定位置或行程进行自动停止、反向运动或自动往返运动等。

为了适应生产机械对行程开关的碰撞，行程开关有不同的结构形式，常用于碰撞部分的有直动式（按钮式）、滚动式（旋转式）和微动式。其中滚动式又有单滚轮式和双滚轮式两种，如图 3－22 所示。

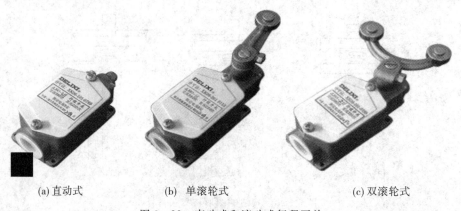

(a) 直动式　　　　　(b) 单滚轮式　　　　　(c) 双滚轮式

图 3－22　直动式和滚动式行程开关

1. 行程开关结构与原理

行程开关的结构，如图 3 - 23 所示，当运动机构的挡块压到行程开关上时，动合触点闭合，动断触点断开。当挡块移开后，复位弹簧又使其复位。

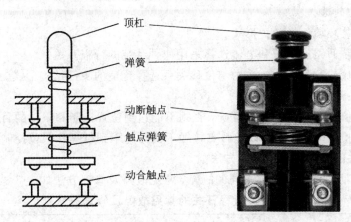

顶杠
弹簧
动断触点
触点弹簧
动合触点

图 3 - 23　行程开关结构

对于单滚轮自动复位的行程开关，只要生产机械挡块离开滚轮后，复位弹簧就能将已动作的部分恢复到动作前的位置，为下一次动作做好准备。对于双滚轮的行程开关在与生产机械碰撞第一只滚轮时，其内部的微动开关会动作，发出信号指令，但在生产机械挡块离开滚轮后双滚轮的行程开关不能自动复位，它必须与生产机械在碰撞第二只滚轮时才能复位。

2. 行程开关的文字与图形符号

行程开关的文字与图形符号，如图 3 - 24 所示。

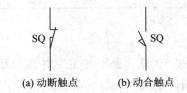

SQ　　　　　　　SQ

(a) 动断触点　　　(b) 动合触点

图 3 - 24　行程开关的文字与图形符号

3. 行程开关的型号含义

行程开关的型号含义如图 3 - 25 所示。

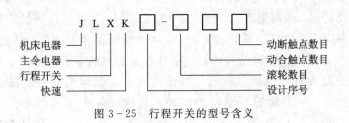

J L X K □ - □ □ □

机床电器
主令电器
行程开关
快速

动断触点数目
动合触点数目
滚轮数目
设计序号

图 3 - 25　行程开关的型号含义

4. 行程开关的选择和使用

行程开关的技术参数主要有额定电压、额定电流、触点换接时间、动作角度或工作行程、触点数量、结构形式和操作频率等。选择和使用行程开关时应注意相关事项。

1）行程开关的选择

（1）根据安装环境选择防护形式。

（2）根据控制回路的电压和电流选择采用何种系统的行程开关。

（3）根据机械与行程开关的传力与位移关系选择合适的头部结构形式。

2）行程开关的使用

（1）在安装位置开关时位置要准确，否则不能达到位置控制和限位的目的。

（2）应定期检查位置开关，以免触点接触不良而达不到行程和限位控制的目的。

5. 行程开关的常见故障及修理方法

行程开关长期使用后会出现不同的故障，常见故障及修理方法如表 3-7 所示。

表 3-7　行程开关的常见故障及修理方法

故障现象	产生原因	修理方法
挡铁碰撞开关，触点不动作	① 开关位置安装不当 ② 触点接触不良 ③ 触点连接线脱落	① 调整开关的位置 ② 清洗触点 ③ 紧固连接线
位置开关复位后，动断触点不能闭合	① 触杆被杂物卡住 ② 动触点脱落 ③ 弹簧弹力减退或被卡住 ④ 触点偏斜	① 清扫开关 ② 重新调整动触点 ③ 调换弹簧 ④ 调换触点
杠杆偏转后触点未动	① 行程开关位置太低 ② 机械卡阻	① 将开关向上调到合适位置 ② 打开后盖清扫开关

（三）万能转换开关

万能转换开关是一种多挡式、控制多回路的主令电器。万能转换开关可同时控制多条（最多可达 32 条）通断要求不同的电路，而且具有多个挡位，主要用于各种控制线路的转换、电压表、电流表的换相测量控制、配电装置线路的转换和遥控等。万能转换开关还可以直接控制小容量电动机的起动、调速和换向。由于其换接的电路多，用途广，故有"万能"之称。万能转换开关以手柄旋转的方式进行操作，操作位置有 2～12 个，分定位式和自动复位式两种。所谓自复式是指用手将手柄拨动到某一挡位时，手松开后，手柄自动返回原位；定位式则是指手柄被置于某挡位时，不能自动返回原位而停在该挡位。万能转换开关具有体积小、功能多、结构紧凑、选材讲究、绝缘良好、转换操作灵活、安全可靠等特点。图 3-26 为 LW6D-5 万能转换开关。图 3-27 为万能转换开关的单层结构。

万能转换开关是由多组相同结构的触点组件叠装而成的多回路控制电器。触点在绝缘基座内，为双断点触头桥式结构。动触点被设计成自动调整式是为了保证通断时的同步性，静触点装在触点座内，通过手柄使转轴和凸轮推动触头接通或断开。由于凸轮的形状不同，当手柄处在不同位置时，触头的吻合情况也不同，从而达到转换电路的目的。图

图3-26 LW6D-5万能转换开关　　　图3-27 万能转换开关的单层结构

3-28是万能转换开关的图形符号和文字符号、触点通断表（×表示接通）。图中"-o o-"代表一路触头，竖的虚线表示手柄位置。各触点在手柄转到不同挡位时的通断状态用黑点表示，有黑点的表示触头闭合，没有黑点的表示触点断开。

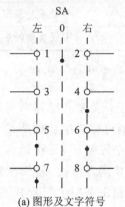

触点	位置		
	左	0	右
1-2		×	
3-4			×
5-6	×		×
7-8	×		

(a) 图形及文字符号　　　　(b) 触点接线表

图3-28 万能转换开关的图形符号和文字符号、触点通断表

万能转换开关的型号含义如图3-29所示。

图3-29 万能转换开关的型号含义

LW6型万能转换开关的主要技术要求如下：

（1）开关额定工作电压：交流50 Hz、额定电压为380 V或220 V，直流额定电压为220 V。

（2）开关额定工作电流：交流额定电压为380 V时额定电流为0.79 A，交流额定电压为220 V时额定电流为1.36 A，直流额定电压为220 V时额定电流为0.14 A。

（3）开关约定发热电流：10 A。

（4）开关操作频率为：120 次/小时。

（5）开关额定绝缘电压 380 V。

（6）开关机械寿命：100×10^4 次。

万能转换开关的常见故障分析及处理，如表 3-8 所示。

表 3-8　万能转换开关的常见故障分析及处理

故障现象	序号	可能的原因	处理方法
可动部分不能正常转动	1	手柄上的轴孔磨损变形	调换手柄
	2	绝缘杆变形（由方形磨为圆形）	更换绝缘杆
	3	手柄与方轴或轴与绝缘杆配合松动	紧固松动部件
	4	弹簧变形或失效	修理更换
触点工作状态或触点状况不正常	1	转换开关型号选用不正确	更换万能转换开关，满足工作条件
	2	触头角度装配不正确	重新装配
	3	触头推动弹性或接触不良	更换触头或清除氧化层、尘污

（四）接近开关

无触点行程开关又称接近开关，是理想的电子开关量传感器。当某种物体与之接近到一定距离时就发出"动作"信号，驱动直流电器或给可编程控制器 PLC 等提供控制指令，以控制生产机械，它不须施以机械力。接近开关既有行程开关、微动开关的特性，同时具有传感性能，且动作可靠、性能稳定、频率响应快、应用寿命长、抗干扰能力强，并具有防水、防震、耐腐蚀等特点。接近开关的用途已经远远超出一般的行程开关的行程和限位保护，它可以用于高速计数、测速、液面控制、检测金属体的存在、检测零件尺寸、无触点按钮及计算机或可编程控制器的传感器等。其定位精度、操作频率、使用寿命、安装调整的方便性和对恶劣环境的适用能力，是一般机械式行程开关所不能相比的。

接近开关按对物体的"感知"方法的不同，可分为涡流式接近开关、电容式接近开关、霍尔接近开关、光电式接近开关、热释电式接近开关、其他形式的接近开关。

（1）电感式接近开关也叫涡流式接近开关。它利用导电物体在接近能产生电磁场的接近开关时，使物体内部产生涡流，而这个涡流又会反作用到那个最先产生磁场的开关，使开关内部电路参数发生变化，由此识别出有无导电物体移近，进而控制开关的接通或断开。电感式接近开关能够检测和识别出的物体必须是导电的。

（2）电容式接近开关的测量头通常是构成电容器的一个极板，而另一个极板是物体的本身。当物体移向接近开关时，不论它是否为导体，由于它的接近，总要使电容的介电常数发生变化，从而使电容量发生变化，使得和测量头相连的电路状态也随之发生变化，由此便可控制开关的接通或断开。电容式接近开关对任何介质都可以检测，包括导体、半导体、绝缘体，它甚至可以用于检测液体和粉末状物料。对于非金属物体，动作距离决定于材料的介电常数，材料的介电常数越大，可获得的动作距离就越大。其外壳在测量过程中通常接地或与设备的机壳相连接。当有物体移向接近开关时，使得和测量头相连的电路状态也随之发生变化，由此便可控制开关的接通或断开。

（3）霍尔接近开关。利用霍尔元件做成的开关叫霍尔接近开关。霍尔元件是一种磁敏元件。当磁性物件移近霍尔开关时，开关检测面上的霍尔元件因产生霍尔效应而使开关内部电路状态发生变化，由此识别附近是否有磁性物体存在，进而控制开关的接通或断开。这种接近开关的检测对象必须是磁性物体。

（4）光电接近开关。发光器件和光电器件安装在一定的方向上，在同一试验头上利用光电效应做成的开关叫光电接近开关。将发光器件与光电器件按一定方向装在同一个检测头内，当有反光面（被检测物体）接近时，光电器件接收到反射光后便输出信号，由此便可"感知"有物体接近。

（5）热释电式接近开关。用能感知温度变化的元件做成的开关叫热释电或接近开关。这种开关是将热释电器件安装在开关的检测面上，当有与环境温度不同的物体接近时，热释电器件的输出就发生变化，由此便可检测出有物体接近。

接近开关还有无源接近开关，该开关不需要电源。它是由一个封闭的状态控制的磁感应控制开关。此外，接近式开关还有两线制和三线制之别。两线制接近开关的接线比较简单，将接近开关与负载串联后接到电源即可。三线制接近开关又分为 NPN 型和 PNP 型，它们的接线方式不同。三线制接近开关的接线：红（棕）线接电源正端；蓝线接电源 0V 端；黄（黑）线为信号，应接负载。负载的另一端是这样接的：对于 NPN 型接近开关，应接到电源正端；对于 PNP 型接近开关，应接到电源 0 V 端。常见的接近开关的外形如图 3 - 30 所示；接近开关的文字符号和图形符号如图 3 - 31 所示。

图 3 - 30　常见的接近开关的外形

接近开关的型号如图 3 - 32 所示，各型号的含义如表 3 - 9 所示。

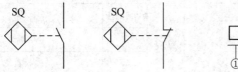

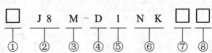

图 3 - 31　接近开关的文字符号和图形符号　　　图 3 - 32　接近开关的型号

表 3-9　接近开关型号的含义

序号	分类	标记	含义	序号	分类	标记	含义
①	开关种类	无标记/Z	电感式/电感式自诊断	⑥	输出状态	NK	三线 NPN 常开
		C/CZ	电容式/电容式自诊断			NH	三线 NPN 常闭
		N	NAMUR 安全开关			NC	三线 NPN 开闭可选
		X	模拟式			PK	三线 PNP 常开
		F	霍尔式			PH	三线 PNP 常闭
		V	舌簧式			PC	三线 PNP 开闭可选
②	外形代号	J	螺纹圆柱形			Z	三线 NPN、PNP 开闭全能转换
		B	圆柱形			GT	交流四线开+闭
		Q	角柱形			HT	交流四线开+闭
		L	方形			NT	四线 NPN 开+闭
		P	扁平形			PT	四线 PNP 开+闭
		E	矮圆柱形			J	五线继电器输出
		U	槽形			X	特殊形式
		G	组合形	⑦	连接方式	无标记	1.5 m 引线
		T	特殊形			A2	2 m 引线(A3 为 3 米)以此类推
③	安装方式	无标记	非埋入式(非齐平安装式)			B	内接线端子
		M	埋入式(齐平安装式)			C2	CX16 二芯航插(C5 为五芯)以此类推
④	电源电压	A	交流 20~250 V			F	塑料螺纹四芯插
		D	直流 10~30 V（模拟量：15~30 V）			G	金属螺纹四芯插
		DB	直流 10~65 V			Q	塑料四芯插
		W	交直流 20~250 V			S2	CS12 二芯航插(C5 为五芯)以此类推
		X	特殊电压			L	M8 三芯插
⑤	检测距离	0.8~120 mm	以开关的感应距离为准			R	S3 多功能插
⑥	输出状态	K	二线常开			E	特殊接插件
		H	二线常闭	⑧	感应面方向	无标记	对端
		C	二线开闭可选			Y	左端
		SK	交流三线常开			W	右端
		SH	交流三线常闭			S	上端
		ST	交流三线开+闭			M	分离式

接近开关主要被广泛地应用于航空、航海、航天技术以及机床、冶金、化工、轻纺和印刷等工业生产行业。在自动控制系统中接近开关可作为限位、计数、定位控制和自动保护环节等。在日常生活中，例如宾馆、饭店、车库的自动门、自动热风机都应用有接近开关。在安全防盗方面，例如资料、档案、财会、金融、博物馆、金库等重地，通常都装有由各种接近开关组成的防盗装置。在测量技术中，例如长度、位置的测量；在控制技术中，例如位移、速度、加速度的测量和控制，都应用有大量的接近开关。

选用接近开关时要注意：在环境条件比较好、无粉尘污染的场合，例如对环境有较高要求的传真机和烟草机械，可采用光电接近开关。光电接近开关工作时对被测对象几乎无任何影响。在一般的工业生产场所，通常都选用涡流式接近开关和电容式接近开关。因为这两种接近开关对环境的要求较低。当被测对象是导电物体或可以固定在一块金属物上的物体时，一般都选用涡流式接近开关，因为它的响应频率高、抗环境干扰性能好、应用范围广、价格较低。若检测对象为金属材料时，应选用高频震荡型接近开关。该类接近开关对铁镍、A3 钢类检测最灵敏；对铝、黄铜和不锈钢类检测对象，其检测灵敏度较低。若所测对象是液体、粉状物、塑料、烟草等非金属时，则应选用电容式接近开关。这种开关的响应频率低，但稳定性好。安装时应考虑环境因素的影响。若被测物为导磁材料或者被测物体内有磁钢时，应选用霍尔接近开关，它的价格最低。对金属体和非金属体进行远距离检测和控制时，应选用光电型接近开关或超声波型接近开关。在防盗系统中，自动门通常使用热释电接近开关、超声波接近开关、微波接近开关。有时为了提高识别的可靠性，上述几种接近开关往往被复合使用。

无论选用哪种接近开关，都应注意检查接近开关的形式、工作电压、负载电流、响应频率、响应时间、重复精度、输出形式、检测距离、输出触点的容量等各项指标。

四、熔断器的应用

熔断器是一种被广泛应用的最简单有效的保护电器，常在低压电路和电动机控制电路中起过载保护和短路保护。通常它被串联在电路中，当通过的电流大于规定值时，它的熔体熔会化，从而自动分断电路。

（一）熔断器结构与原理

熔断器有管式、插入式、螺旋式、卡式等几种形式。熔断器主要由熔体、绝缘管座、填料及导电部件组成。熔断器的主要元件是熔体，它是熔断器的核心部分，常被做成丝状或片状。在小电流电路中，常用铅锡合金和锌等低熔点金属做成圆截面熔丝；在大电流电路中则用银、铜等较高熔点的金属做成薄片，便于灭弧。熔断器在使用时，熔体与被保护电路串联，当电路为正常电流时熔体温度较低，当电路发生断路故障时，熔体温度急剧上升，使其熔断，起到保护作用。熔断器的图形符号与文字符号如图 3-33 所示。

图 3-33 熔断器图形与文字符号

图 3-34 是 RC 系列瓷插式熔断器，主要由熔丝、动触点、瓷盖、静触点、瓷体、空腔等部件组成。

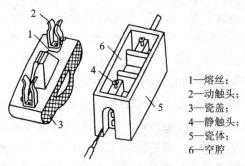

1—熔丝；
2—动触头；
3—瓷盖；
4—静触头；
5—瓷体；
6—空腔

图 3-34　RC 系列瓷插式熔断器结构

图 3-35 是 RL 系列螺旋式熔断器，主要由瓷帽、熔断管、瓷套、上接线座、下接线座、瓷座等部件组成。RL 系列熔断管中有的金属盖的中央凹处有一个不同颜色的熔断指示标记，当熔丝熔断时，指示标记自动脱落，显示熔丝已熔断，透过瓷帽上的玻璃窗口可以清楚地看见，此时只要更换同规格的熔断管即可。使用时将熔断管有色点指示器的一端插入瓷帽中，再将瓷帽连同熔断管一起旋入瓷座内，使熔丝通过瓷管的上端金属盖与上接线座连通，瓷管下端的金属盖与下接线座连通。在装接使用时，电源线应接入下接线座，负载线应接入上接线座，这样在更换熔断管时，金属螺纹壳的上接线座便不会带电，可保证维修者的安全。

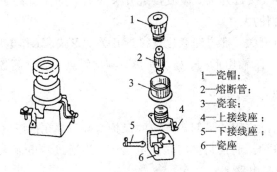

1—瓷帽；
2—熔断管；
3—瓷套；
4—上接线座；
5—下接线座；
6—瓷座

图 3-35　RL 系列螺旋式熔断器

图 3-36 是有填料封闭管式圆筒帽形熔断器，主要由熔断器底座和熔管等部件组成。

图 3-36　有填料封闭管式圆筒帽形熔断器

熔断器的底座用于固定熔管和外接引线。熔管是熔体的保护外壳，用耐热绝缘材料制成，在熔体熔断时兼有灭弧作用，管内充满高纯度石英砂作为灭弧介质，熔体两端采用点焊将端帽牢固连接。它一般用于交流为 50 Hz、额定电压为 380 V、额定电流为 63 A 以下的工业电气装置的配电线路中。

（二）熔断器技术参数

（1）熔断器型号含义如图 3 - 37 所示。

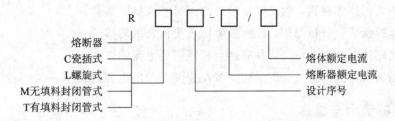

图 3 - 37　熔断器型号的含义

（2）熔管额定电压：熔断器长期工作所能承受的电压。

（3）熔管额定电流：保证熔断器能长期正常工作的电流。

（4）分断能力：在规定的使用和性能条件下，熔断器在规定电压下能够分断的预期电流值（对交流熔断器而言，指交流分量的有效值）。

（5）时间-电流特性：在规定的条件下，表征流过熔体的熔断电流与熔体熔断时间的关系，如表 3 - 10 所示。

表 3 - 10　熔断器的熔断电流与熔断时间的关系

熔断电流 I_S/A	$1.25I_N$	$1.6I_N$	$2.0I_N$	$2.5I_N$	$3.0I_N$	$4.0I_N$	$8.0I_N$	$10.0I_N$
熔断时间 t/s	∞	3600	40	8	4.5	2.5	1	0.4

（三）熔断器的选择与使用

1. 熔断器的选择

选择熔断器的关键是正确选择熔断器的类型和熔体的额定电流，应根据使用场合选择熔断器的类型。电网配电一般用管式熔断器；电动机保护一般用螺旋式熔断器；照明电路一般用瓷插熔断器；保护可控硅元件则应选择快速熔断器。

2. 熔体额定电流的选择

（1）对于变压器、电炉和照明等负载，熔体的额定电流应略大于或等于负载电流。

（2）对于输配电电路，熔体的额定电流应略大于或等于电路的安全电流。

（3）对电动机负载，熔体的额定电流应为电动机额定电流的 1.5 倍～2.5 倍。

3. 熔断器的安装与使用

（1）用于安装使用的熔断器应该完整无损，并且在检测熔芯时，应将万用表置于"$R×1$"挡或"$R×10$"挡，两表棒（不分正、负）分别与被测熔丝管的两端金属帽相接，其阻值应为 0 Ω。若阻值为无穷大(表针不动),说明该熔芯已熔断。若阻值较大或表指针不稳定,说明该熔芯性能不良。

(2)对不同性质的负载,例如照明电路、电动机电路的主电路和控制电路等,应分别保护并装设单独的熔断器。

(3)安装螺旋式熔断器时,必须注意将电源线接到瓷底座的下接线端(即按低进高出的原则),以保证安全。

(4)瓷插式熔断器安装熔丝时,熔丝应顺着螺钉旋紧方向绕过去,同时应注意不要划伤熔丝,也不要把熔丝绷紧,以免减小熔丝截面尺寸或插断熔丝。

(5)熔体熔断后应分析原因,排除故障后再更换新的熔体。

(6)更换熔体时应切断电源,并应换上相同额定电流的熔体。

(7)熔断器兼作隔离器使用时,应安装在控制开关的电源进线端。

五、接触器的选用与维修

接触器是一种用来频繁接通和断开主电路及大容量控制电路的自动切换电器,是电力拖动与自动控制系统中一种非常重要的低压电器。它具有低压释放保护功能,可进行频繁操作,实现远距离控制,是电力拖动自动控制电路中使用最广泛的电器元件。因它不具备短路保护作用,所以常和熔断器、热继电器等保护电器配合使用。接触器按主触点通过的电流种类,分为交流接触器和直流接触器两大类。接触器常用来频繁地接通、断开电动机等设备的主电路。接触器按动作原理可分为电磁式、气动式和液压式。其中后两种是特种电器。

接触器是控制电器,电磁式接触器就是利用电磁吸力和弹簧反力的配合作用,实现触点闭合与断开电动机电路或其他负载电路的控制电器,其主要特点是可以实现频繁地远距离操作。它具有比工作电流大数倍乃至十几倍的接通和分断能力,但不能分断短路电流;主要用在控制电动机的起动、反转、制动和调速等领域。

(一)接触器结构与工作原理

1. 接触器结构

交流接触器由以下四部分组成:

(1)电磁系统:用来操作触点闭合与分断。它包括静铁芯、吸引线圈、动铁芯(衔铁)。铁芯用硅钢片叠压而成,以减少铁芯中的铁损。在铁芯端部极面上装有短路环,其作用是消除交流电磁铁在吸合时产生的震动和噪音。

(2)触点系统:起接通和分断电路的作用。它包括主触点和辅助触点。通常主触点用于交流的控制电路。

(3)灭弧装置:起熄灭电弧的作用。

(4)其他部件:主要包括恢复弹簧、缓冲弹簧、触点压力弹簧、传动机构及外壳等。

图 3-38 是 CJO-20 交流接触器的外形及结构;图 3-39 是交流接触器的原理;图 3-40 是交流接触器的图形与文字符号。

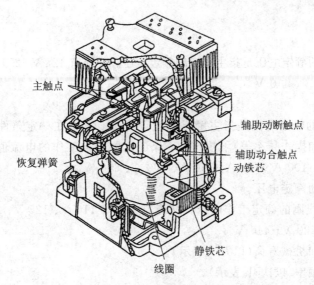

图 3-38 CJO-20 交流接触器的外形及结构

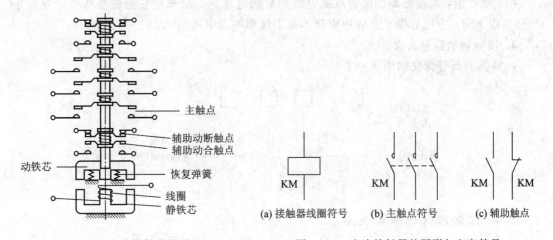

图 3-39 交流接触器的原理

图 3-40 交流接触器的图形与文字符号

(a) 接触器线圈符号 (b) 主触点符号 (c) 辅助触点

2. 接触器工作原理

交流接触器有两种工作状态：得电状态（动作状态）和失电状态（释放状态）。交流接触器主触点的动触点装在与衔铁相连的绝缘连杆上，其静触点则固定在壳体上。当线圈得电后，线圈产生磁场，使静铁芯产生电磁吸力，将衔铁吸合。衔铁带动动触点动作，使动断触点断开，动合触点闭合，分断或接通相关电路。当线圈失电时，电磁吸力消失，衔铁在反作用弹簧的作用下释放，各触点随之复位。

交流接触器有三对动合的主触点，它的额定电流较大，用来控制大电流的主电路的通断。另外它还有两对动合辅助触点和两对动断辅助触点，它们的额定电流较小，一般为 5 A，用来接通或分断小电流的控制电路。

直流接触器的结构和工作原理基本上与交流接触器相同，不同的是电磁铁系统。在触点系统中，直流接触器主触点常采用滚动接触的指形触点，通常为一对或两对。在灭弧装置中，由于直流电弧比交流电弧难以熄灭，因此直流接触器常采用磁吹灭弧。

3. 技术参数

（1）额定电压。

接触器铭牌上的额定电压是指主触点的额定电压。交流有 127 V、220 V、380 V、500 V；直流有 110 V、220 V、440 V。

（2）额定电流。

接触器铭牌上的额定电流是指主触点的额定电流。它是在一定条件（额定电压、使用类别、额定工作制和操作频率等）下规定的，保证电器正常工作的电流值。有 5 A、10 A、20 A、40 A、60 A、100 A、150 A、250 A、400 A、600 A。

（3）吸引线圈的额定电压。

指接触器吸合线圈的额定工作电压。交流有 36 V、110 V、127 V、220 V、380 V；直流有 24 V、48 V、220 V、440 V。

（4）电气寿命和机械寿命（以万次表示）。

（5）额定操作频率（以次/h 表示）。

（6）主触点和辅助触点数目。

（7）动作值：指接触器的吸合线圈电压和释放电压。一般规定接触器在线圈额定电压的 85％以上时，应可靠吸合。释放电压不高于线圈额定电压的 70％。

4. 接触器的型号含义

接触器的型号含义如图 3-41 所示。

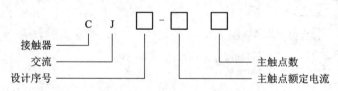

图 3-41 接触器的型号含义

（二）接触器的选择与使用

1. 接触器选择

（1）根据接触器所控制的负载性质来选择接触器的类型。

（2）接触器的额定电压不得低于被控制电路的最高电压。

（3）接触器的额定电流应大于被控制电路的最大电流。对于电动机负载有下列经验公式：

$$I_C \geqslant \frac{P_N \times 10^3}{K U_N}$$

式中：I_C 为接触器的额定电流；P_N 为电动机的额定功率；U_N 为电动机的额定电压；K 为经验系数，一般取 1~1.4。

接触器在频繁起动、制动和正反转的场合使用时，一般选用比其额定电流低一个等级的接触器。

（4）电磁线圈的额定电压应与所接控制电路的电压一致。

（5）接触器的触点数量和种类应满足主电路和控制电路的要求。

2．接触器的使用

（1）接触器安装前应先检查线圈的额定电压是否与实际需要相符。

（2）接触器的安装多为垂直安装，其倾斜角不得超过 5°，否则会影响接触器的动作特性。安装有散热孔的接触器时，应将散热孔放在上下位置，以降低线圈的温升。

（3）接触器安装与接线时应将螺钉拧紧，以防振动松脱。

（4）接触器的触点应定期清理，若触点表面有电弧灼伤时，应及时修复。

（三）接触器的常见故障及修理方法

接触器的常见故障及修理方法见表 3-11。

表 3-11　接触器的常见故障及修理方法

故障现象	产生原因	修理方法
接触器不吸合或吸不牢	① 电源电压过低 ② 线圈短路 ③ 线圈技术参数与使用条件不符 ④ 铁芯机械卡阻	① 调高电源电压 ② 调换线圈 ③ 调换线圈 ④ 排除卡阻物
线圈断电，接触器不释放或释放缓慢	① 触点熔焊 ② 铁芯表面有油污 ③ 触点弹簧压力过小或反作用弹簧损坏 ④ 机械卡阻	① 排除熔焊故障，修理或更换触点 ② 清理铁芯表面 ③ 调整触点弹簧压力或更换反作用弹簧 ④ 排除卡阻物
触点熔焊	① 操作频率过高或过负载使用 ② 负载侧短路 ③ 触点弹簧压力过小 ④ 触点表面有电弧灼伤 ⑤ 机械卡阻	① 调换合适的接触器或减小负载 ② 排除短路故障更换触点 ③ 调整触点弹簧压力 ④ 清理触点表面 ⑤ 排除卡阻物
铁芯噪声过大	① 电源电压过低 ② 短路环断裂 ③ 铁芯机械卡阻 ④ 铁芯表面有油垢或磨损不平 ⑤ 触点弹簧压力过大	① 检查电路并提高电源电压 ② 调换铁芯或短路环 ③ 排除卡阻物 ④ 用汽油清洗表面或更换铁芯 ⑤ 调整触点弹簧压力
线圈过热或烧毁	① 线圈匝间短路 ② 操作频率过高 ③ 线圈参数与实际使用条件不符 ④ 铁芯机械卡阻	① 更换线圈并找出故障原因 ② 调换合适的接触器 ③ 调换线圈或接触器 ④ 排除卡阻物

六、控制继电器的选用与维修

控制继电器是传递信号的一种电器，它根据电量（电流、电压）或非电量（时间、速度、温度、压力等）的变化自动接通或断开控制电路，从而完成控制或保护任务。

继电器用途广泛，种类繁多。按反应的参数可分为电压继电器、电流继电器、中间继电器、热继电器、时间继电器和速度继电器等；按动作原理可分为电磁式、电动式、电子式和机械式等。其中电压继电器、电流继电器、中间继电器均为电磁式。

（一）热继电器

热继电器是一种利用流过继电器的电流所产生的热效应而反时限动作的保护电器。它主要用作电动机的过载保护、断相保护、电流不平衡运行及其他电气设备发热状态的控制。

因电动机在实际运行中，常遇到过载情况，若过载不大，时间较短，绕组温升不超过允许范围，是允许的。但过载时间较长，绕组温升超过了允许值，将会加剧绕组老化，缩短电动机的使用寿命，严重时会烧毁电动机的绕组。因此，凡是长期运行的电动机必须设置过载保护。

热继电器有两相结构、三相结构、三相带断相保护装置等三种类型。图 3-42 为热继电器的外形。

图 3-42　热继电器的外形

1．热继电器结构与工作原理

1）热继电器结构

热继电器主要由热元件、双金属片和触点三部分组成。热继电器的动断触点串联在被保护的二次回路中，它的热元件由电阻值不高的电热丝或电阻片绕成，并串联在电动机或其他用电设备的主电路中。靠近热元件的双金属片由两种膨胀系数不同的金属压焊而成，是热继电器的感测元件。图 3-43 是热继电器的结构；图 3-44 是热继电器的图形与文字符号。

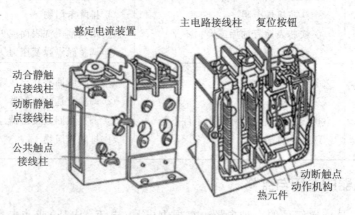

图 3-43　热继电器的结构

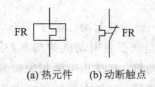

(a) 热元件　(b) 动断触点

图 3-44　热继电器的图形与文字符号

2）热继电器工作原理

图 3-45 是热继电器工作原理。热继电器中的双金属片 2 由两种膨胀系数不同的金属片压焊而成。缠绕着双金属片的是热元件 1，它是一段电阻不大的电阻丝，串接在主电路中。热继电器的动断触点 4 通常串接在接触器线圈电路中。当电动机过载时，热元件中通过的电流加大，使双金属片逐渐发生弯曲，经过一定时间后，推动动作机构 3，使动断触点断开，切断接触器线圈电路，使电动机主电路失电。故障排除后，按下复位按钮，使热继电器触点复位。

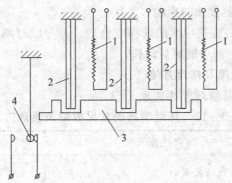

图 3-45　热继电器工作原理

热继电器的工作电流可以在一定范围内调整，称为整定。整定电流值应是被保护电动机的额定电流值，其大小可以通过旋动整定电流旋钮来实现。由于热惯性，热继电器不会瞬间动作，因此它不能用作短路保护。但也正是这个热惯性，当电动机起动或短时过载时，热继电器不会误动作。热继电器一般被用作对连续运行的电动机进行过载保护，以防止电动机过热而烧毁。

3）热继电器技术参数

热继电器的主要技术参数有热元件等级、热元件额定电流、整定电流调节范围。

4）热继电器的型号含义

热继电器的型号及含义如图 3-46 所示。

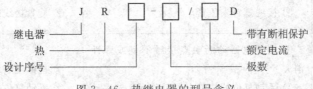

图 3-46　热继电器的型号含义

2. 热继电器的选择与使用

选用热继电器作为电动机的过载保护时，应使电动机在短时过载和起动瞬间不受影响。

(1) 热继电器类型的选择：一般轻载起动、短时工作，可选择二相结构的热继电器；当电源电压的均衡性和工作环境较差或多台电动机的功率差别较显著时，可选择三相结构的热继电器；对于三角形接法的电动机，应选用带断相保护装置的热继电器。

(2) 热继电器的额定电流的选择：热继电器的额定电流应大于电动机的额定电流。

(3) 热元件的整定电流的选择：一般将整定电流调整到等于电动机的额定电流；对过载能力差的电动机，可将热元件整定值调整到电动机额定电流的 0.6 倍～0.8 倍；对起动时间较长，拖动冲击性负载或不允许停机的电动机，热元件的整定电流应调节到电动机额定电流的 1.1 倍～1.15 倍。

热继电器的使用应遵循以下原则：

(1) 当电动机起动时间过长或操作次数过于频繁时，会使热继电器误动作或烧坏电器，故这种情况一般不用热继电器作过载保护。

(2) 当热继电器与其他电器安装在一起时，应将热继电器安装在其他电器的下方，以免其动作特性受到其他电器发热的影响。

(3) 热继电器出线端的连接导线的选择应合适。若导线过细，则热继电器可能提前动作；若导线太粗，则热继电器可能滞后动作。

3. 热继电器的常见故障及修理方法

热继电器的常见故障及修理方法如表 3-12 所示。

表 3-12　热继电器的常见故障及修理方法

故障现象	产生原因	修理方法
热继电器误动作或动作太快	① 整定电流偏小 ② 操作频率过高 ③ 连接导线太细	① 调大整定电流 ② 调换热继电器或限定操作频率 ③ 选用标准导线
热继电器不动作	① 整定电流偏大 ② 热元件烧断或脱焊 ③ 导板脱出	① 调小整定电流 ② 更换热元件或热继电器 ③ 重新放置导板并试验动作灵活性
热元件烧断	① 负载侧电流过大 ② 反复短时工作，操作频率过高	① 排除故障，调换热继电器 ② 限定操作频率或调换合适的热继电器
主电路不通	① 热元件烧毁 ② 接线螺钉未压紧	① 更换热元件或热继电器 ② 旋紧接线螺钉
控制电路不通	① 热继电器动断触点接触不良或弹性消失 ② 手动复位的热继电器动作后，未手动复位	① 检修动断触点 ② 手动复位

（二）时间继电器

时间继电器是一种按时间原则动作的继电器，在电路中用于控制动作的时间。它按照设定时间使触点动作，即由它的感测机构接收信号，经过一定时间后执行机构才会动作，并输出信号以操纵电路。它的种类很多，按构成原理可分为电磁式、电动式、电子式和机械式等，按延时方式可分为得电延时型、断电延时型。

1. 空气阻尼式时间继电器

空气阻尼式时间继电器又叫气囊式时间继电器，是利用空气阻尼的原理获得延时的。它由电磁系统、延时机构和触点三部分组成。其电磁机构为直动式双 E 型，触点系统借用 LX5 型微动开关，延时机构采用气囊式阻尼器，其外形如图 3 - 47 所示；其结构如图 3 - 48 所示。

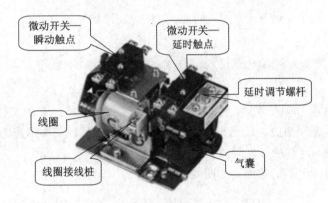

图 3 - 47 空气阻尼式时间继电器的外形

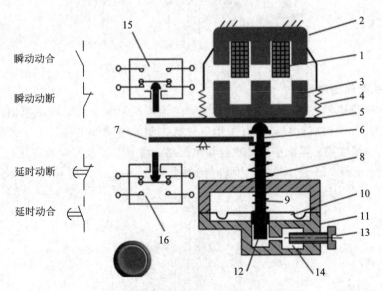

1—线圈；2—铁芯；3—衔铁；4—反力弹簧；5—推杆；6—活塞杆；7—杠杆；8—塔形弹簧；
9—弱弹簧；10—橡皮膜；11—空气室壁；12—活塞；13—调节螺杆；14—进气孔；15、16—微动开关

图 3 - 48 空气阻尼式时间继电器的结构

在通电延时时间继电器中，当线圈1得电后，铁芯2将衔铁3吸合，瞬时触点迅速动作（推杆5使微动开关16立即动作），活塞杆6在塔形弹簧8作用下，带动活塞12及橡皮膜10向上移动。由于橡皮膜下方的气室空气稀薄，从而形成负压，因此活塞杆6不能迅速上移。当空气由进气孔14进入时，活塞杆6才逐渐上移。当移到最上端时，延时触点动作（杠杆7使微动开关15动作），延时时间即为线圈得电开始至微动开关15动作为止的这段时间。通过调节螺杆13调节进气孔14的大小，就可以调节延时时间。

线圈断电时，衔铁3在复位弹簧4的作用下将活塞12推向最下端。因活塞被往下推时，橡皮膜下方的气室内的空气都通过橡皮薄膜10、弱弹簧9和活塞12肩部所形成的单向阀，经上气室缝隙顺利排掉，因此瞬时触点(微动开关16)和延时触点(微动开关15)均迅速复位。

通电延时时间继电器的符号，如图3-49所示。

(a) 线圈 (b) 延时触点 (c) 瞬时触点

图3-49　通电延时时间继电器的符号

将电磁机构翻转180°安装后，可形成断电延时时间继电器。它的工作原理与得电延时时间继电器的工作原理相似。线圈得电后，瞬时触点和延时触点均迅速动作；线圈失电后，瞬时触点迅速复位，延时触点延时复位。

断电延时时间继电器的符号，如图3-50所示。

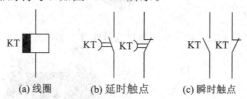

(a) 线圈 (b) 延时触点 (c) 瞬时触点

图3-50　断电延时时间继电器的符号

2. 电子式时间继电器

电子式时间继电器在时间继电器中已成为主流产品。电子式时间继电器由晶体管或集成电路和电子元件等构成。目前已有采用单片机控制的时间继电器。电子式时间继电器具有延时范围广、精度高、体积小、耐冲击和耐振动、调节方便及寿命长等优点，所以发展很快，应用广泛。图3-51是JS20晶体管时间继电器。图3-52是JS20晶体管时间继电器的工作原理。

图3-51　JS20晶体管时间继电器

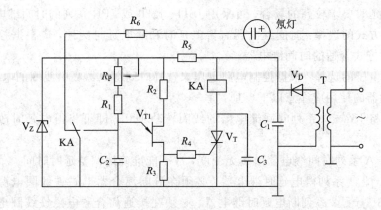

图 3-52 JS20 晶体管时间继电器的工作原理

该电路利用二极管(V_D)整流把交流电变成直流电，经过电容(C_1)把脉动直流电变成较平滑直流电，提供给单结晶体管触发电路，输出触发脉冲产生的时间主要由 C_2、R_1、R_P 的充电时间决定，触发脉冲提供给晶闸管(V_T)，使之导通，继电器(KA)得电，触点动作。通过分析知道，延时时间的长短可以通过调节充电时间的快慢来实现，即调节 R_P。

3. 数字式时间继电器

数字式时间继电器如图 3-53 所示；图 3-54 是数字式时间继电器的工作原理。

图 3-53 JSS20-21AM 数字式时间继电器

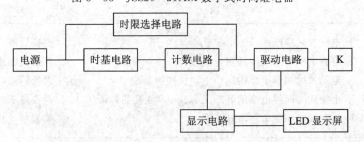

图 3-54 数字式时间继电器的工作原理

工作原理如下：接通电源后，经过时基电路分频将数字信号送到计数电路进行计数，当计数达到时限选择电路所整定的数字时，通过驱动电路使继电器 K 得电，带动其动合触点和动断触点动作(闭合或分断控制电路)，同时向显示器发出显示信号，完成一次延时控制。

4. 时间继电器的选择与使用

时间继电器的选择应注意以下事项：

(1) 类型的选择：凡是对延时要求不高的场合，一般采用价格较低的 JS7-A 系列时间继电器；对于延时要求较高的场合，可采用 JS11、JS20 或 7PR 系列的时间继电器。

（2）延时方式的选择：时间继电器有得电延时和继电延时两种，应根据控制电路的要求来选择延时方式合适的时间继电器。

（3）线圈电压的选择：根据控制电路电压来选择时间继电器吸引线圈的电压。

时间继电器的使用应注意以下事项：

（1）只要将 JS7－A 系列时间继电器的线圈转动 $180°$，即可将得电延时改为断电延时结构。

（2）JS7－A 系列时间继电器由于无刻度，故不能准确地调整延时时间。

（3）JS11－□1 系列得电延时继电器，必须在分断离合器电磁铁线圈电源时才能调节延时值；而 JS11－□2 系列断电延时继电器，必须在接通离合器电磁铁线圈电源时才能调节延时值。

5. 时间继电器的型号含义和技术参数

时间继电器的型号含义如图 3－55 所示。

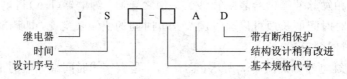

图 3－55　时间继电器的型号含义

时间继电器的技术参数主要有型号、吸引线圈电压、触点额定电压、触点额定电流、延时触点数、瞬动触点、延时范围。

6. 时间继电器的常见故障及修理方法

时间继电器在使用后有时会出现一些故障，下面以气囊式时间继电器为例介绍其常见的故障及修理方法，如表 3－13 所示。

表 3－13　气囊式时间继电器的常见故障及修理方法

故障现象	产生原因	修理方法
延时触点不动作	① 电磁铁线圈断线 ② 电源电压低于线圈额定电压很多 ③ 电动式时间继电器的同步电动机线圈断线 ④ 电动式时间继电器的棘爪无弹性，不能刹住棘齿 ⑤ 电动式时间继电器游丝断裂	① 更换线圈 ② 更换线圈或调高电源电压 ③ 调换同步电动机 ④ 调换棘爪 ⑤ 调换游丝
延时时间缩短	① 空气阻尼式时间继电器的气室装配不严，漏气 ② 空气阻尼式时间继电器的气室内橡皮薄膜损坏	① 修理或调换气室 ② 调换橡皮薄膜
延时时间变长	① 空气阻尼式时间继电器的气室内有灰尘，使气道阻塞 ② 电动式时间继电器的传动机构缺润滑油	① 清除气室内灰尘，使气道畅通 ② 加入适量的润滑油

（三）速度继电器

速度继电器是用来反映转速与转向变化的继电器。它可以按照被控电动机转速的大小使控制电路接通或断开。速度继电器通常与接触器配合，实现对电动机的反接制动。

速度继电器主要由转子、定子和触点等部分组成。转子是一个圆柱形永久磁铁，定子是一个笼形空心圆环，并装有笼形绕组。其外形、结构和符号分别如图 3-56、图 3-57、图 3-58 所示。

图 3-56　速度继电器的外形

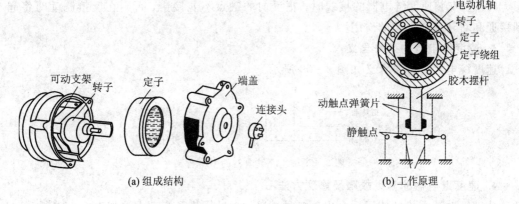

(a) 组成结构　　　　　　　　　　　　　　(b) 工作原理

图 3-57　速度继电器的结构

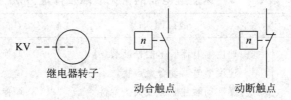

图 3-58　速度继电器的符号

1. 工作原理

速度继电器的转轴和电动机的轴通过联轴器相连。当电动机转动时，速度继电器的转子随之转动，定子内的绕组便切割磁力线，产生感应电动势，而后产生感应电流，此时在电流与转子磁场的作用下产生转矩，使定子开始转动。电动机转速达到某一值时，产生的转矩能使定子转到一定角度，使摆杆推动动断触点动作。当电动机转速低于某一值或停转时，定子产生的转矩会减小或消失，触点在弹簧的作用下复位。

同理，电动机反转时，定子会往反方向转过一个角度，使另外一组触点动作。

通过观察速度继电器触点的动作，可以判断电动机的转向与转速，它经常被用在电动机的反接制动回路中。

当电动机的转速高于 120 r/min 时，其动断触点断开，动合触点闭合。当电动机的转速低于 100 r/min 时，其动合触点断开，动断触点闭合。也就是说，其触点的通断是由电动机的转速决定的。

常用的速度继电器有 JY1 型和 JFZ0 型两种。其中 JY1l 型可在 700～3600 r/min 的范围内可靠地工作。JFZ0－1 型适用于 300～1000 r/min 的工作环境；JFZ0－2 型适用于 1000～3600 r/min 的工作环境。JFZ0 型具有两对动合触点、两对动断触点，触点额定电压为 380 V，额定电流为 2 A。一般，速度继电器转速在 130 r/min 左右即能动作；转速在 100 r/min 时，触点能恢复正常位置。通过调节螺钉 1 可改变速度继电器的动作转速，以适应控制电路的要求。

2. 速度继电器的选择与使用

速度继电器主要根据电动机的额定转速来选择。

速度继电器的使用应注意以下事项：

（1）速度继电器的转轴应与电动机同轴连接。

（2）在安装速度继电器的接线时，正反向的触点不能接错，否则在反接制动时将起不到接通和断开反向电源的作用。

3. 速度继电器的型号含义

速度继电器的型号含义如图 3－59 所示。

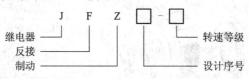

图 3－59　速度继电器的型号含义

4. 速度继电器的常见故障及修理方法

速度继电器在长期使用后会出现各种故障，常见故障及修理方法如表 3－14 所示。

表 3－14　速度继电器的常见故障及修理方法

故障现象	故障原因	排除方法
制动时速度继电器失效，电动机不能制动	① 速度继电器胶木摆杆断裂 ② 速度继电器动合触点接触不良 ③ 弹性动触片断裂或失去弹性 ④ 触点处的导线松脱 ⑤ 摆杆卡住或损坏	① 调换胶木摆杆 ② 清洗触点表面的油污 ③ 调换弹性动触片 ④ 拧紧松脱的导线 ⑤ 排除卡住故障或更换摆杆
电动机制动效果不好	速度继电器设定值过高	通过整定螺钉来调节速度继电器的动作值
电动机反向制动后继续往反方向转动	触点粘连未及时断开	修理或更换触点

（四）电流继电器和电压继电器

1. 电流继电器

电流继电器是一种用于电气设备或电动机免于过电流和欠电流的保护电器。其串联接入主电路的线圈用来感测主电路的线路电流；触点接于控制电路，为执行元件。常用的电流继电器有欠电流继电器和过电流继电器两种。

欠电流继电器用于电路起欠电流保护。其吸引电流为线圈额定电流的30%~65%，释放电流为额定电流的10%~20%。因此，在电路正常工作时，衔铁是吸合的，只有当电流降低到某一整定值时，继电器才释放，控制电路失电，从而控制接触器及时分断电路。

过电流继电器在电路正常工作时不动作，整定范围通常为额定电流的1.1倍~4倍。当被保护线路的电流高于额定值而达到过电流继电器的整定值时，衔铁吸合，触点机构动作，控制电路失电，从而控制接触器及时分断电路，对电路起过流保护作用。

电流继电器的线圈与负载串联时可以反映负载电流。其线圈具有电压低、电流大、导线粗、圈数少、阻抗小、体积小的特点。电流继电器的外形如图3-60所示；其图形符号如图3-61所示。

线圈　常开触点　常闭触点

图3-60　电流继电器的外形　　　图3-61　电流继电器的图形符号

2. 电压继电器

电压继电器是当电路中电压达到预定值而动作的一种常用的电磁式继电器。电压继电器用于电力拖动系统的电压保护和控制。其线圈并联接入主电路时可以感测主电路的线路电压；触点接于控制电路，为执行元件。按吸合电压的大小，电压继电器可分为过电压继电器和欠电压继电器。

欠电压继电器用于线路的欠电压保护，其释放整定值为线路额定电压的0.1倍~0.6倍。当被保护线路电压正常时，衔铁吸合；当被保护线路电压降至欠电压继电器的释放整定值时，衔铁释放，触点机构复位，控制接触器及时分断被保护电路。零电压继电器是当电路电压降低到$(5\% \sim 25\%)U_N$时释放，对电路实现零电压保护。

过电压继电器用于线路的过电压保护，其吸合整定值为被保护线路额定电压的1.05倍~1.2倍。当被保护的线路电压正常时，衔铁不动作；当被保护线路的电压高于额定值而达到过电压继电器的整定值时，衔铁吸合，触点机构动作，控制电路失电，控制接触器及时分断被保护电路。

　　电压继电器的线圈与负载并联时可以反映负载电压。其线圈具有电压高、电流小、导线细、圈数多、阻抗大、体积大的特点，一般通过开关直接接在电源两端。电压继电器的外形如图3-62所示；其图形符号与电流继电器一样，只是文字符号不一样。

图3-62　电压继电器的外形

（五）中间继电器

　　中间继电器一般用来控制各种电磁线圈，使信号得到放大，或将信号同时传给几个控制元件。中间继电器实质上是一种电压继电器，但它的触点数量较多，容量较小，常被作为控制开关使用的接触器。它在电路中的作用主要是扩展控制触点数和增加触点容量。

1. JZ7系列中间继电器结构与工作原理

　　图3-63是JZ7系列中间继电器的外形。中间继电器的基本结构和工作原理与接触器完全相同，故称为接触器式继电器。图3-64是JZ7系列中间继电器基本结构。所不同的是中间继电器的触点组数多，并且没有主、辅之分，各组触点允许通过的电流大小是相同的，其额定电流均为5 A。图3-65是JZ7系列中间继电器的图形符号和文字符号。

图3-63　JZ7系统中间继电器

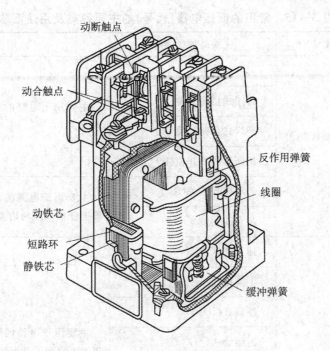

图 3-64 JZ7 系列中间继电器的基本结构

图 3-65 JZ7 系列中间继电器的图形与文字符号

2. JZ7 系列中间继电器的选择与使用

中间继电器一般根据负载电流的类型、电压等级和触点数量来选择。中间继电器的使用与接触器相似，但中间继电器的触点容量较小，一般不能在主电路中应用。

3. JZ7 系列中间继电器的型号含义

JZ7 系列中间继电器的型号含义，如图 3-66 所示。

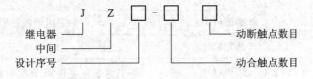

图 3-66 JZ7 系列中间继电器的型号含义

4. JZ7 系列中间继电器的常见故障及检修方法

JZ7 系列中间继电器的常见故障及检修方法与接触器类似。

常见的低压电器(代号)的主要种类及用途汇总，如表 3-15 所示。

表 3−15　常见的低压电器(代号)的主要种类及用途汇总

序号	类别(代号)	主要品种(代号)	用　途
1	刀开关和转换开关(H)	刀开关(D)	主要用于电路的隔离,有的也能分断负荷
		封闭式负荷开关(H)	
		开启式负荷开关(K)	
		熔断器式刀开关(R)	
		刀形转换开关(S)	主要用于电源的切换,也可用于负荷通断或电路的切换
		组合开关(Z)	
2	熔断器(R)	插入式(C)	主要用于电路的短路保护,有时也用于电路的过载保护
		汇流排式(H)	
		螺旋式(L)	
		封闭管式(M)	
		快速(S)	
		有填料管式(T)	
		限流(X)	
3	自动开关(D)	塑料外壳式断路器(Z)	主要用于电路的过载保护、短路、欠电压、漏电保护等,也可用于接通和断开不频繁的电路
		框架式断路器(W)	
		限流式断路器(X)	
		灭磁式断路器(M)	
		直流快速断路器(S)	
4	控制器(K)	鼓形(G)	主要用于控制回路的切换
		平面(P)	
		凸轮(T)	
5	接触器(C)	交流(J)	主要用于远距离频繁控制负荷,切断带负荷电路
		直流(Z)	
6	起动器(Q)	按钮式(A)	主要用于电动机的起动
		手动(S)	
		星三角(X)	

续表

序号	类别(代号)	主要品种(代号)	用途
7	控制继电器(J)	电流(L) 热(R) 时间(S) 通用(T) 温度(W) 中间(Z)	主要用于控制电路,将被控制量转换成控制电路所需电量或开关信号
8	主令电器(L)	按钮(A) 接近开关(J) 主令控制器(K) 主令开关(S) 万能转换开关(W) 行程开关(X)	主要用于发布命令或程序控制
9	电磁铁(M)	牵引(Q) 起重(W) 液压(Y) 制动(Z)	主要用于起重、牵引、制动等场合

提 升 练 习

一、填空题

1. 工作在额定电压交流_____V 及以下或直流_____V 及以下的电器称为低压电器。

2. 低压电器一般都具有两个基本组成部分,一个是_____部分,另一个是_____部分。

3. 开关电器是指_____、_____电路,并在规定条件下手动_____和_____电路的电器。

4. 组合开关又叫_____,常用于交流 50 Hz、380 V 以下及直流 220 V 以下的电气线路中,供手动接通和断开电路,换接_____和_____以及控制_____kW 以下小容量异步电动机的起动、停止和正反转。

5. 倒顺开关接线时,应将开关两侧进出线中的一相_____,并看清开关接线端标记,切忌接错,以免产生_____故障。

6. 低压断路器又叫_____或_____,可简称断路器,它集_____和多种_____功能于一体,在正常情况下可用于接通和断开电路以及控制电动机的运行。当电路中发生_____、_____和_____等故障时,能自动切断故障电路,保护线路和电气设备。

7. 按钮常用于控制电路，_____ 色表示起动，_____ 色表示停止。

8. 行程开关也称_____ 开关，可将_____ 信号转化为电信号，通过控制其他电器来控制运动部分的行程大小、运动方向或进行限位保护。

9. 万能转换开关是_____的主令电器。

10. 熔断器由_____ 和_____ 两部分组成。熔断器的类型有瓷插式、_____ 和_____三种。

11. 交流接触器是一种用来_____ 接通或分断_____ 电路的自动控制电器。交流接触器的结构由_____ 、_____ 、_____ 和其他部件组成。

12. 热继电器是利用_____来工作的电器。

13. 时间继电器是一种触头_____ 的控制电器。时间继电器按延时方式分有_____延时型、_____延时型。

14. 常见的空气阻尼式时间继电器又叫_____式时间继电器。它由_____系统、_____机构和触点三部分组成。

15. 一般，速度继电器的动作转速为_____ r/min，复位转速为_____ r/min。

16. 通常将电压继电器_____ 联在电路中，将电流继电器_____ 联在电路中。

二、选择题

1. DZ5-20 系列低压断路器中的热脱扣器的作用是(   )。

A. 欠压保护   B. 短路保护   C. 过载保护

2. DZ5-20 系列低压断路器中的电磁脱扣器的作用是(   )。

A. 欠压保护   B. 短路保护   C. 过载保护

3. 按下复合按钮时(   )。

A. 动断点先断开   B. 动合点先闭合   C. 动断动合点同时动作

4. 组合开关用于控制小型异步电动机的运转时，开关的额定电流一般取电动机额定电流的(   )倍。

A. 1.5倍～2.5倍   B. 1倍～2倍   C. 2倍～3倍

5. 在下列型号中，行程开关的型号为(   )。

A. LA19-2H   B. LX19-111   C. LW6-3

6. 下列电器中不能实现短路保护的是(   )。

A. 熔断器   B. 热继电器   C. 空气开关   D. 过电流继电器

7. (   )是交流接触器主要的发热部件。

A. 线圈   B. 铁芯   C. 触头

三、简答题

1. 电动机的起动电流很大，起动时热继电器该不该动作？为什么？

2. 什么是触点熔焊？造成交流接触器触点熔焊的主要原因是什么？

3. 什么是时间继电器？它有哪些种类？

4. 电压继电器和电流继电器分别起什么作用？

【技能训练一】　接触器的拆装与维修

一、训练目的

(1) 认识接触器的名称，能够辨认接触器的型号、作用。

(2) 观察接触器的结构，指出各种接触器的基本参数。

(3) 会进行接触器的拆装，对常见故障能进行检修。

二、训练器材

不同型号的接触器、常用电工工具。

三、训练内容与步骤

1. 辨认接触器型号

本训练主要通过查阅相关资料，辨认接触器的型号含义。接触器主要由电磁系统、触点系统、灭弧装置三部分组成。灭弧罩内有三个罩在主触点上方的相间隔弧板。所有触点都采用桥式结构，共三对主触点，两边各有一对辅助触点，上面的是动断，下面的是动合。电磁系统由铁芯、衔铁和线圈组成。

认识接触器用途及使用范围、产品型号及含义、外形与安装尺寸、工作条件及安装。例如 CJ20 系列交流接触器。

1) 用途及使用范围

CJ20 系列交流接触器，主要用于交流 50 Hz 或 60 Hz，额定工作电压在 660 V 以内，额定工作电流在 10 A 至 630 A 的电路中，供远距离接通和分断电路使用，并可与合适的热过载继电器组合，从而保护可能发生超过负荷的电路。

2) 技术参数与性能

(1) 线圈额定控制电源电压：交流 50 Hz，110 V、127 V、220 V、380 V；直流 110 V、220 V。

(2) 机械寿命：CJ20 系列的 10、16、25、40、63、100、160 号均为 1000 万次；CJ20 系列的 250、400、630 号均为 600 万次。

(3) 节电产品节电率，如表 3 - 16 所示。

表 3 - 16　CJ20 系列交流接触器节电产品的节电率

产品型号	CJ20 - 63 - 160J	CJ20 - 63 - 160JZ	CJ20 - 250 - 630J	CJ20 - 250 - 630JZ
节电率/%	85	90	95	95

(4) 接触器的主要参数及技术性能指标，如表 3 - 17 所示。

表 3-17 CJ20 系列交流接触器的主要参数及技术性能指标

接触器型号	额定绝缘电压 U_i/V	约定发热电流 I_{th}/A	AC-3 使用类别下可控制的三相鼠笼型电动机的最大功率/kW			每小时操作循环数次/h (AC-3)	AC-3 电寿命/万次	线圈功率起动/保持 VA/VA	选用的熔断器(SCPD)型号
			220 V	380 V	660 V				
CJ20-10		10	2.2	4	4		100	65/8.3	RT16-20
CJ20-16		16	4.5	7.5	11			62/8.5	RT16-32
CJ20-25		32	5.5	11	13	1200		93/14	RT16-50
CJ20-40	690	55	11	22	22			175/19	RT16-80
CJ20-63		80	18	30	35			480/57	RT16-160
CJ20-100		125	28	50	50		120	570/61	RT16-250
CJ20-160		200	48	85	85			855/85.5	RT16-315
CJ20-250		315	80	132				1710/152	RT16-400
CJ20-250/06		315	—		190			1710/152	RT16-400
CJ20-400	690	400	115	200	220	600	60	1710/152	RT16-500
CJ20-630		630	175	300				3578/250	RT16-630
CJ20-630/06		630			350			3578/250	RT16-630

3) 工作条件及安装

(1) 周围空气温度为 $-5℃\sim40℃$，24 小时内其平均值不超过 35℃。

(2) 海拔高度：不超过 2000 m。

(3) 大气条件：在 40℃ 时空气相对湿度不超过 50%；在较低温度下可以有较高的相对湿度，最湿月的月平均最低温度不超过 25℃，该月的月平均最大相对湿度不超过 90%，并考虑因温度变化发生在产品上的凝露。

(4) 污染等级：3 级。

(5) 安装类别：Ⅲ 类。

(6) 安装条件：安装面与垂直倾斜度不大于 5°。

(7) 冲击振动：产品应安装和使用在无显著摇动、冲击和振动的地方。

2. 接触器的拆装与检修(以 CJ20 交流接触器为例)

1) 接触器的检修

(1) 检查灭弧罩有无破裂或烧损，清除灭弧罩内的金属飞溅物和颗粒。

(2) 检查触点的磨损程度，磨损严重时应更换触点。

(3) 清除铁芯端面的油垢，检查铁芯有无变形及端面接触是否平整。

(4) 检查触点压力弹簧及反作用弹簧是否变形或弹力不足。如果有损坏则更换弹簧。

(5) 检查电磁线圈是否短路、断路及发热变色。

2) 接触器的拆卸

(1) 卸下灭弧罩紧固螺钉，取下灭弧罩。

(2) 拉紧主触点定位弹簧，将主触点侧转 45° 后取下定位弹簧，然后取下主触点压力弹簧。

(3) 松开接触器底座的盖板螺钉，取下盖板。在松盖板螺钉时，要用手按住螺钉并慢慢放松。

(4) 取下静铁芯缓冲绝缘纸片及静铁芯。

(5) 取下静铁芯支架及弹簧。

(6) 拔出线圈接线端的弹簧夹片，取下线圈。

(7) 取下反作用弹簧。

(8) 取下衔铁和支架。

(9) 从支架上取下动铁芯定位销。

(10) 取下动铁芯和绝缘纸片。

3) 接触器的装配

按拆卸的逆序进行装配。

4) 接触器的测试

(1) 连接测试电路，选择电流表、电压表量程并调零，将调压变压器输出置于零位。

(2) 吸合电压测试。均匀调节调压器，使电压上升到接触器铁芯吸合为止，此时电压表的指示值即为接触器的动作电压值（小于或等于 85％ 吸引线圈的额定电压）。

(3) 校验动作的可靠性。保持吸合电压值，做 2 次冲击合闸试验，进行校验。

(4) 释放电压测试。均匀地降低调压变压器的输出电压直至衔铁分离，此时电压表的指示值即为接触器的释放电压（应大于 50％ 吸引线圈的额定电压）。

(5) 主触点接触测试。将调压变压器的输出电压调至接触器线圈的额定电压，观察衔铁有无振动和噪声，通过指示灯的明暗判断主触点的接触情况。

【技能训练二】 继电器的使用与维修

一、训练目的

(1) 认识常用继电器的选用方法，能够正确选用继电器。

(2) 知道继电器的常见故障以及维修方法。

二、训练器材

各种继电器、常用电工工具。

三、训练内容与步骤

1. 了解继电器的选用方法

继电器是现代工业生产中不可缺少的自动化组件，它被广泛地应用于工业、农业、国防和交通运输等各个领域，其品种多、用量大。因此，细致地了解各继电器的性能、参数和使用条件、正确地选择和使用继电器，是确保继电器及其被控制或保护对象可靠工作、正常运行的重要环节。

选用继电器的一般方法如下：

（1）根据被控制或保护对象（电量或非电量）的具体要求，确定采用的继电器的种类，并设计其继电器接点电路。

（2）确定控制和被控制电路的基本参数。例如控制电路（继电器线圈电路）的线圈数量、电流种类、继电器的动作、释放和工作状态的电流、电压或功率值以及它们的变化范围；被控制电路（继电器接点电路）的常开和常闭接点的数量、电路中的电流种类（直流或交流）及其大小、负载的电阻和电感量（即 R 和 L 值）等。

（3）根据控制和被控制电路对继电器的要求，在考虑使用寿命、工作制、使用条件、继电器各主要技术参数的基础上，从产品目录中选择合适的继电器。

2. 继电器的常见故障及其处理方法

继电器在使用过程中，由于各种原因，例如产品质量不高、使用不当、维修不好等，常常发生各种各样的故障。下面介绍几种常见的触点继电器的故障及其处理方法。

1）触头故障

（1）由于触头的机械咬合（触头上形成的针状凸起与凹坑相互咬住）、熔焊或冷焊不当而产生无法断开的故障。

（2）由于接触电阻的变大而引起的不稳定使电路无法正常接通。

（3）由于负载过大或触头容量过小、负载性质变化等引起触头无法分、合电路的故障。

（4）由于电压过高或触头开距变小而出现触头间隙重新击穿的故障。

（5）由于电源频率过高或触头间隙电容过大而产生无法准确开断电路的故障。

（6）由于各种环境条件不满足要求而造成触头工作的失误。

（7）由于没有采用熄弧装置或措施、参数选用不当而造成触头磨损或产生不必要的干扰。

2）线圈故障

（1）由于环境温度的变化（超过技术条件规定值）导致线圈温升超过允许值而引起线圈绝缘的损坏。由于潮湿而引起绝缘水平的严重降低。由于腐蚀而引起内部断线或匝间短路。

（2）由于线圈电压超过额定电压而导致线圈损坏。

（3）在使用维修时，可能由于工具的碰伤而使线圈绝缘损坏或引起线折断。

（4）由于线圈电压接错，例如将额定电压为 110 V 的线圈接到电压为 220 V 的电源上或将交流电压线圈接到同样等级的直流电压上而使线圈立即烧坏。

（5）交流线圈可能由于线圈电压超过额定电压且操作频率过高，或线圈电压低于额定电压而造成衔铁吸合不上，以致烧坏。

（6）当交流线圈接上电压时，可能由于传动机构不灵或卡死等原因，使衔铁不能闭合而使线圈烧坏。

3）磁路故障

（1）棱角和转轴的磨损，导致衔铁转动不灵或卡死的故障。

（2）在有些直流继电器中，由于机械磨损或非磁性垫片损坏，使衔铁闭合后的最小气隙变小，剩磁过大，导致衔铁不能释放。

（3）当交流继电器铁芯上分磁环断裂或衔铁和铁芯极面生锈或侵入杂质时，将引起衔铁振动，产生噪音。

（4）在交流继电器的 E 型铁芯中，当两侧铁芯的磨损而使中柱的气隙消失时，将产生衔铁粘住不放的故障。

4）其他

例如各种零件产生变形或松动、机械损坏、镀层裂开或剥落、各带电部分与外壳间的绝缘不够、反力弹簧因疲劳而失去弹性、各种整定值调整不当、产品已达额定寿命等。

继电器产生故障的原因很多，除了要求生产厂确保产品的质量以外，正确使用和认真维修也是减少故障、保证可靠工作的重要环节。

3. 继电器的维修

前已述及，继电器是电力机车控制电路和监测保护系统的主要配件。电力机车运行时，当主电路和辅助电路中的电机、电器或连接线路出现故障时，可通过相应的监测保护系统的继电器将故障转化为电信号，一方面反馈到主断路器的分闸线圈，使主断路器跳闸，切断电力机车总电源，对电力机车进行保护；另一方面反馈到信号装置（包括机械信号和电信号），使其显示不同的故障状态，指示电力机车乘务员及时而正确地处理故障。可见，继电器虽然不直接控制主电路和辅助电路，但在电力机车上的作用却是极其重要的。

由于电力机车电器的工作条件恶劣，各继电器及部件的性能与参数也将随着工作任务与使用时间的改变而改变，而且还经常受到各种偶然因素的影响。因此，我们必须对这些情况经常进行监视，以便及时了解，对可能出现的各种异常现象及早进行提防，对某一继电器或继电器的某一部件产生的故障及时进行修理或更换，以确保各继电器的使用寿命，保证电力机车正常而可靠地工作。所以，坚持以预防为主的方针，建立必要的维修制度，对继电器进行经常的和定期的维修是十分必要的。

尽管继电器型号不同，检修方法也有区别，但是在检修时都应按以下要求进行。

1）感测机构的检修

对于电磁式（电压、电流、中间）继电器，其感测机构即为电磁系统。电磁系统的故障主要集中在线圈及动、静铁芯部分。

（1）线圈故障检修。线圈故障通常有线圈绝缘损坏；受机械伤形成匝间短路或接地；由于电源电压过低，动、静铁芯接触不严密，使通过线圈的电流过大，以致线圈发热、烧毁。在修理时，应重新绕线圈。如果线圈通电后衔铁不吸合，可能是线圈引出线的连接处脱落，使线圈短路，查出脱落处后焊接上即可。

（2）铁芯故障检修。铁芯故障主要有通电后衔铁吸不上。这可能是由线圈断线，动、静铁芯之间有异物，电源电压过低等原因造成的，应区别情况进行修理。

通电后，衔铁噪声大。这可能是由动、静铁芯接触面不平整或有油污造成的。修理时，应取下线圈，锉平或磨平其接触面；如果有油污应进行清洗。

噪声大可能是由于短路、环断裂引起的，修理或更换新的短路环即可。

断电后，衔铁不能立即释放，这可能是由动铁芯被卡住、铁芯气隙太小、弹簧劳损和铁芯接触面有油污等原因造成的。检修时应针对故障原因区别对待，或调整气隙使其保护范围在 0.02～0.05 mm，或更换弹簧，或用汽油清洗油污。

对于热继电器，其感测机构是热元件。其常见故障是热元件烧坏、热元件误动作和不动作。

（1）热元件烧坏。这可能是由于负载侧发生短路，或热元件动作频率太高造成的。检修时应更换热元件，重新调整整定值。

（2）热元件误动作。这可能是由于整定值太小、未过载就动作，或使用场合有强烈的冲击及振动，使其动作机构松动脱扣而引起误动作造成的。

（3）热元件不动作。这可能是由于整定值太小，使热元件失去过载保护功能所致。检修时应根据负载工作电流来调整整定电流。

2）执行机构的检修

大多数继电器的执行机构都是触点系统。通过它的"通"与"断"来完成一定的控制功能。触点系统的故障一般有触点过热、磨损、熔焊等。引起触点过热的主要原因是容量不够、触点压力不够、表面氧化或不清洁等。引起磨损加剧的主要原因是触点容量太小、电弧温度过高使触点金属氧化等。引起触点熔焊的主要原因是电弧温度过高、触点严重跳动等。触点的检修顺序如下：

（1）打开外盖，检查触点表面情况。

（2）如果触点表面氧化，对银触点可不做修理，对铜触点可用油光锉锉平或用小刀轻轻刮去其表面的氧化层。

（3）如果触点表面不清洁，可用汽油或四氯化碳清洗。

（4）如果触点表面有灼伤烧毛痕迹，对银触点可不必整修，对铜触点可用油光锉或小刀整修。不允许用砂布或砂纸来整修，以免残留砂粒，造成接触不良。

（5）触点如果熔焊，应更换触点。如果故障是因触点容量太小而造成的，则应更换容量大一些的继电器。

（6）如果触点压力不够，应调整弹簧或更换弹簧来增大压力。若压力仍不够，则应更换触点。

3）中间机构的检修

（1）对空气式时间继电器，其中间机构主要是气囊。其常见故障是延时不准。这可能是由于气囊密封不严或漏气，使动作延时缩短，甚至不延时；也可能是由于气囊空气通道堵塞，使动作延时变长。修理时，对于前者应重新装配或更换新的气囊，对于后者应拆开气室，清除堵塞物。

（2）对速度继电器，其胶木摆杆属于中间机构。如果反接制动时电动机不能制动停转，就可能是胶木摆杆断裂，检修时应予以更换。

继电器的检修工作除一般的清扫、检查外，还要测量继电器的技术参数并调整其动作的整定值（即测量继电器的触头厚度、开距、超程及终压力等技术参数，必须使其符合有关规程和工作文件的要求），并加漆封固定。有特殊要求时，还应测量继电器的返回系数。

电力机车上装有电磁式继电器、机械式继电器和电子继电器。从继电器的输入、输出特性可知，只有当继电器的输入量达到其规定的动作参数时（即电磁式继电器在达到规定的电压、电流值或机械式继电器在达到规定的压力、速度时），继电器才会动作，并带动相应的联锁触头接触或分断相应的控制电路，将故障或正常工况准确地显示出来。由此可见，继电器的动作参数是决定继电器准确动作的决定性因素，而调节继电器动作参数的过程，就显得尤为重要了。所以，在电力机车中修时，最主要的任务之一就是必须对全部继电器重新整定、校检。继电器整定值的调试应由专职人员在专用的试验台上进行。电磁式继电器可借助调整反力弹簧、初始气隙、非磁性垫片等措施来调整动作值。一般地，调整初始气隙可改变其动作值，调整非磁性垫片可改变其释放值，而调整反力弹簧则动作值和释放值都可被改变。应当注意的是，各继电器整定完毕后应铅封或漆封，以防错动而影响整定值。

必要时，某些继电器在检修后还应作振动试验、触头压力及接触电阻测试。

项目 ◆ 4

三相异步电动机单向起动控制线路的安装与检修

【学习目标】

（1）能解释电气图的含义，并说出电气控制图的分类。

（2）能简述电气原理图的绘制规则。

（3）能简述阅读电气原理图的基本方法。

（4）能解释点动、长动的含义，能正确绘制点动、长动控制电路，并且能够说出其工作过程。

（5）能理解自锁的含义，并能说出实现的方法。

（6）能正确分析既有点动又有长动的控制电路的工作过程。

（7）能说出电力拖动控制电路的安装工艺，并能够按照工艺要求安装控制电路。

（8）会使用万用表检测电路。

【项目描述】

工厂的电气设备（如机床等），大多数是由电动机来拖动的，而电动机中很大一部分是三相异步电动机。三相异步电动机一般由空气开关、接触器、继电器、按钮以及行程开关等低压电器控制。利用常用低压电器可以构成各种不同功能的控制线路，从而满足生产机械对电气控制系统提出的要求。

本项目主要学习电气图的相关知识，通过学习你将知道电气图的表示方法、绘制电气图的规则、读电气图的基本方法；学习分析电动机的单向起动控制电路的工作过程，以及该控制电路的安装与检测。通过学习，你将知道电力拖动控制电路安装的工艺要求、硬线安装方法，以及控制电路的一般检测调试方法。

【知识链接】

一、电气控制图的基本知识

电气图是以各种图形、符号和图线等形式来表示电气系统中各电气设备、装置、元器件的相互连接关系的图样。电气图是联系电气设计、生产、维修人员的工程语言，因此能正确、熟练地识读电气图是从业人员必备的基本技能。

为了表达电气控制系统的设计意图，便于分析系统工作原理、安装、调试和检修控制系统，必须采用统一的图形符号和文字符号来表达。为此国家标准局颁布了一系列有关文件。例如：《GB/T4728—2005 电气简图用图形符号》共有 13 个部分、《GB/T5226—2008 机械电气安全：机械电气设备》共有 5 个部分等。

1. 电气控制图的分类

由于电气控制图描述的对象比较复杂，应用领域广泛，表达形式多种多样，因此表示一项电气工程或一种电器装置的电气图就会有多种。它们以不同的表达方式反映工程问题的不同侧面，但又有一定的对应关系，有时需要对照起来阅读。按用途和表达方式的不同，电气图可以分为以下几种。

1）电气系统图和框图

电气系统图和框图是用符号或带注释的框，概略表示系统的组成、各组成部分相互关系及其主要特征的图样，它比较集中地反映了所描述工程对象的规模。例如图 4-1 是电力拖动系统的组成框图。

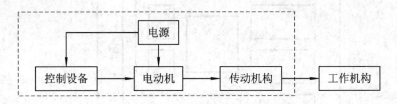

图 4-1　电力拖动系统的组成框图

2）电气原理图

电气原理图是为了便于阅读与分析控制电路，根据简单、清晰的原则，采用电器元件展开的形式绘制而成的图样。它包括所有电器元件的导电部件和接线端点，但它并不按照电器元件的实际布置位置来绘制，也不反映电器元件的大小。其作用是便于工作人员详细了解工作原理，指导系统或设备的安装、调试与维修。电气原理图是电气控制图中最重要的图样，也是识图的难点和重点。例如图 4-2 是 CA6140 车床的电气原理图。

3）电器布置图

电器布置图主要用来表明电气设备上所有电器元件的实际位置，为生产机械电气控制设备的制造、安装提供必要的资料。通常电器布置图与电器安装接线图组合在一起，既起到电器安装接线图的作用，又能清晰表示出电器的布置情况。例如图 4-3 是某机床的电气布置图。

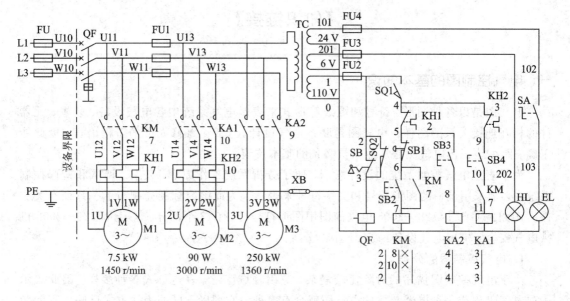

图 4-2　CA6140 车床的电气原理图

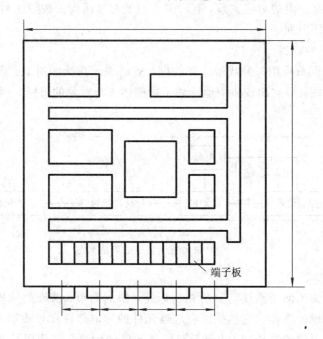

图 4-3　某机床的电气布置图

4）电器安装接线图

电器安装接线图是为安装电气设备和电器元件进行配线或检修电器故障服务的。它是用规定的图形符号，按各电器元件相对位置绘制的实际接线图。它清楚地表示了各电器元件的相对位置和它们之间的电路连接，所以安装接线图不仅要把同一电器的各个部件画在一起，而且各个部件的布置要尽可能符合这个电器的实际情况，但对比例和尺寸没有严格要求。不但要画出控制柜内部之间的电器连接，还要画出电器柜外部电器的连接。电器安装接线图中的回路标号是电器设备之间、电器元件之间、导线与导线之间的连接标记，它的文字符号和数字符号应与原理图中的标号一致。例如图 4-4 是某设备的电气接线图。

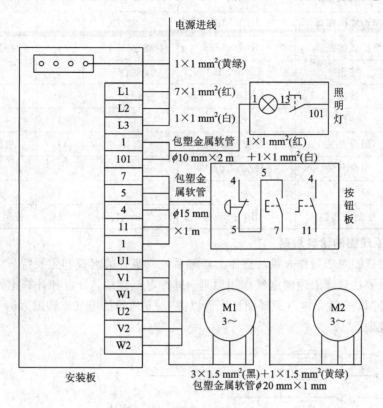

图 4-4　某设备的电气接线图

5）电器元件明细表

电器元件明细表是把成套装置、设备中各组成元件（包括电动机）的名称、型号、规格、数量列成表格，供准备材料及维修使用。例如表 4-1 是 CA6140 车床电器元件的明细表。

表 4-1　CA6140 车床电器元件的明细

符号	名称	型号	规格	数量	用途
M1	三相异步电动机	（Y132M-4-B3）	7.5 kW	1	拖动主轴
M2	冷却泵电动机	AOB-25	90 W	1	驱动冷却液泵
M3	三相异步电动机	AOB5634	250 W	1	驱动刀架快速移动
FR1	热继电器	JR16-20/3D	15.1 A	1	M1 的过载保护
FR2	热继电器	JR16-20/3D	0.32 A	1	M2 的过载保护
KM1	交流接触器	CJ0-20B	线圈 110 V	1	控制 M1
KA1	中间继电器	JZ7-44	线圈 110 V	1	控制 M2
KA2	中间继电器	JZ7-44	线圈 110 V	1	控制 M3
FU1	螺旋式熔断器	RL1-15	熔芯 6 A	3	M2、M3 短路保护
FU2	螺旋式熔断器	RL1-15	熔芯 2 A	1	控制电路短路保护

符号	名称	型号	规格	数量	用途
FU3	螺旋式熔断器	RL1－15	熔芯 2 A	1	指示灯短路保护
FU4	螺旋式熔断器	RL1－15	熔芯 4 A	1	照明灯短路保护
SB1	按钮	LA19－11	红色	1	停止 M1
SB2	按钮	LA19—11	绿色	1	起动 M1
SB3	按钮	LA9		1	起动 M3
QS1	组合开关	HZ2－25/3	25 A	1	机床电源引入
QS2	组合开关	HZ2－10/1	10 A	1	控制 M2
SA	钮子开关			1	照明灯开关
TC	控制变压器	BK－150	380/110、24、6、3	1	控制、照明、指示

2. 电气原理图的绘制规则

系统图和框图对于工作人员从整体上理解系统或装置的组成和主要特征，无疑是十分重要的。然而要达到详细理解电气作用原理，进行电气接线，分析和计算电路特征，还必须有另外一种图，这就是电气原理图。下面以图 4－5 所示的电气原理图为例，介绍电气原理图的绘制规则。

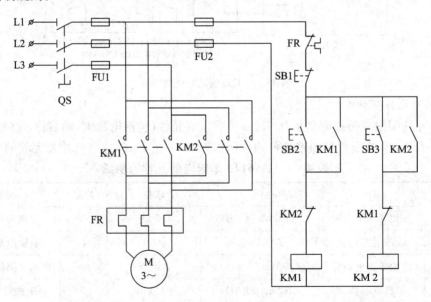

图 4－5 三相笼型异步电动机正反转运行的电气原理

1）电气原理图的组成

电气原理图分为主电路和辅助电路。主电路是电源到电动机或电路末端的电路，是强电流通过的电路，其中有刀开关、熔断器、接触器主触点热继电器和电动机等。辅助电路是小电流通过的电路，包括控制电路、照明电路、信号电路及保护电路等。绘制电路图时，主电路用粗线条绘制在原理图的左侧或上方，辅助电路用细线条绘制在原理图的右侧或下方。

2）元器件符号采用国标

电气原理图中的电器元件图形符号、文字符号及标号必须采用最新国家标准。

3）电源线的画法

原理图中直流电源用水平线画出，正极在上，负极在下；三相交流电源线水平画在上方，相序从上到下画出，依次为 L1、L2、L3、中性线（N 线）和保护地线（PE 线）。主电路要垂直电源线画出，控制电路和信号电路垂直在两条水平电源线之间。

4）元器件的画法

元器件均不画元件外形，只画出带电部件，且同一电器上的带电部件可不画在一起，而是按电路中的连接关系画出，但必须用国家标准规定的图形符号画出，且要用同一文字符号标明。

5）电器原理图中触点的画法

原理图中各元件触点状态均按没有外力或未得电时触点的原始状态画出。当触点的图形符号垂直放置时，以"左开右闭"原则绘制；当触点的图形符号水平放置时，以"上闭下开"的原则绘制。

6）原理图的布局

同一功能的元件要集中在一起且按动作先后顺序排列。

7）连接点、交叉点的绘制

对需要拆卸的外部引线端子，用"空心圆"表示。交叉连接的交叉点用小黑点表示。

8）原理图中数据和型号的标注

原理图中数据和型号用规范的字体标注在符号附近，导线用截面标注，必要时可标出导线的颜色。

9）绘制要求

布局合理、层次分明、排列均匀、便于读图。

3. 电气图读图的基本方法

电气控制系统图是由许多电器元件按一定要求连接而成的，可表达机床及生产机械电气控制系统的结构、原理等设计意图。因此，想要快速、准确地对电器元件和设备进行安装、调整、使用和维修，就必须看懂电气图，特别是电气原理图。下面主要介绍电气原理图的阅读方法。

在阅读电气原理图以前，必须对控制对象有所了解，尤其对机、电、液（或气）配合得比较密切的生产机械，要搞清其全部传动过程，并按照"从左到右、自上而下"的顺序进行分析。

任何一台设备的电气控制电路，总是由主电路和控制电路两大部分组成，而控制电路又分为若干个基本控制电路或环节（例如点动、正反转、降压起动、制动、调速等）。分析电路时，通常首先从主电路入手，其次从控制电路、辅助电路等进行分析。

1）主电路分析

分析主电路时，首先应了解设备各运动部件和机构采用了几台电动机拖动，然后按照顺序，从每台电动机主电路中使用接触器的主触点的连接方式分析，判断出主电路的工作方式。例如电动机是否有正反转控制，是否采用了降压起动，是否有制动控制，是否有调速控制等。

2）控制电路分析

分清主电路后，再从主电路中寻找接触器主触点的文字符号，在控制电路中找到相对应的控制环节，根据设备对控制电路的要求和前面所学的各种基本电路的知识，按照顺序逐步地深入了解各个具体的电路由哪些电器组成、它们相互间的联系及动作的过程等。如果控制电路比较复杂，可将其分成几个部分来分析，化整为零。

3）辅助电路分析

辅助电路的分析主要包括电源显示、工作状态显示、照明和故障报警等部分。它们大多由控制电路中的元件控制，所以在分析时，要对照控制电路进行分析。

4）联锁和保护环节分析

任何机械生产设备对安全性和可靠性都作出了很高的要求，因此控制电路中设置有一系列电气保护和必要的电气联锁。分析联锁和保护环节可结合机械设备生产过程的实际需求及主电路各电动机的互相配合过程进行。

5）总体检查

经过"化整为零"的局部分析，在理解了每一个电路的工作原理，以及各部分之间的控制关系后，再采用"集零为整"的方法，检查各个控制电路，看是否有遗漏。特别要从整体角度去进一步检查和理解各控制环节之间的联系，以理解电路中每个电气元件的名称和作用。

二、电动机点动控制线路

三相异步电动机的单向运行控制电路是继电接触控制电路中最简单而又最常用的一种，这种电路主要用来实现异步电动机的单向起动、长动、点动等要求。有些生产机械在工作时只需要做点动控制，例如机床刀架、横梁、立柱等的快速移动和机床对刀等场合。

点动控制电路是用按钮和接触器控制电动机的最简单的控制线路，其原理图如图 4-6 所示，分为主电路和控制电路两部分。点动控制：用手按住 SB 按钮，接触器 KM 线圈得电，KM 主触点闭合，电动机得电运行；当手松开 SB 按钮后，接触器 KM 的线圈失电，KM 主触点复位，电动机失电，停止运行。

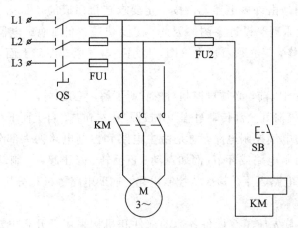

图 4-6 点动控制电路

这种当按钮按下时电动机就运转，按钮松开后电动机就停止的控制方式，称为点动控制。

三、全压起动连续运转控制线路

采用接触器长动控制，其主要器件是接触器。接触器不仅要完成土电路的控制接遇，还要通过接触器辅助动合触点保持接触器线圈的得电状态，只有这样才能使电动机保持连续运行。控制电路如图 4-7 所示。

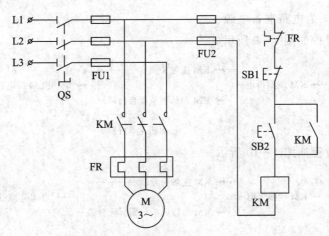

图 4-7　接触器长动控制电路

1. 工作过程

图 4-8 为接触器长动控制示意图，其工作过程如下：

合上开关 QS，为电路准备电源。

1）电动机起动

按下起动按钮 SB2，接触器 KM 的线圈得电，铁芯产生电磁吸力，吸合衔铁，使接触器主触点闭合，电动机得电起动。同时接触器的辅助动合触点闭合，使线圈保持得电，当松开按钮 SB2 时，此时线圈也不会失电，因为线圈通过接触器的辅助动合触点的闭合，使线

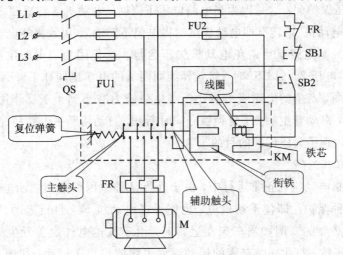

图 4-8　接触器长动控制示意图

圈回路保持得电状态。所以，主触点也保持闭合状态，电动机连续运行。

2）电动机停止

按下按钮 SB1，接触器 KM 的线圈失电，衔铁在复位弹簧的作用下复位，使接触器的主触点恢复断开，电动机失电，停止运行。同时，接触器的辅助动合触点也恢复断开。

电力拖动控制电路工作过程除用文字叙述外，还常用流程来表示。例如接触器长动控制工作过程如下：

合上开关 QS，为电路准备电源。

电动机起动过程如图 4-9 所示。

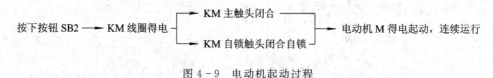

图 4-9　电动机起动过程

电动机停止过程如图 4-10 所示。

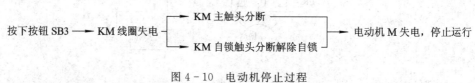

图 4-10　电动机停止过程

通过以上分析我们知道，所谓自锁是接触器通过自身辅助动合触点闭合，保持自身线圈得电的工作方式。

2. 欠压、失压、过载保护

自锁控制不仅可以使电动机保持连续运行，同时它还兼有欠压、失压保护和过载保护。

1）欠压保护

"欠压"是指电路电压低于电动机应加的额定电压。"欠压保护"是指当电路电压下降到某一数值时，电动机能自动脱离电源电压停转，避免电动机在欠压下运行的一种保护。电动机为什么要有欠压保护呢？这是因为当电路电压下降时，电动机的转矩随之减小（$T \propto U^2$），这时可能会引起电动机"堵转"（即电动机虽然得电但不转动），以致损坏电动机，发生事故。采用接触器自锁控制电路就可避免电动机欠压运行。这是因为当电路电压下降到一定值（一般指低于额定电压 85％以下）时，接触器线圈两端的电压也同样下降到此值，从而使接触器线圈磁通减弱，产生的电磁吸力减小。当电磁吸力减小到小于反作用弹簧的拉力时，动铁芯被迫释放，带动着主触点，自锁触点同时断开，自动切断主电路和控制电路，电动机失电停转，从而达到了欠压保护的目的。

2）失压（或零压）保护

失压保护是指电动机在正常运行中，由于外界某种原因引起突然断电时，能自动切断电动机电源的一种保护。即使重新供电，也能保证电动机不会自行起动。在实际生产中，失压保护是很有必要的。例如当车床在运转时，由于其他电气设备发生故障引起突然断电，电动机被迫停转，与此同时车床的运动部件也跟着停止了运动，切削刀具的刀口便卡在工件表面上。如果操作人员没有及时切断电动机电源，又忘记退刀，那么当故障排除恢复供电时，电动机和机床便会自行起动运转，这可能会导致工件报废或人身伤亡事故，而当采用了接触器自锁控制电路后，由于接触器自锁触点和主触点在电源断电时已经断开，使控制电路和主电路都不能接通，所以在电源恢复供电时，电动机就不会自行起动运转，从而保证了人身和设备的安全。

3）过载保护

电动机长期过载运行将导致其绕组温升将超过允许值，以致绝缘老化或损坏，因此在电动机保护方面还要考虑过载问题。过载保护要求不受电动机短时过载冲击电流或短路电流的影响而瞬时动作，通常采用热继电器作为过载保护元件。热继电器的整定电流值一般为负载正常工作时通过热继电器的电流的 1 倍～1.05 倍。

四、既能点动又能连续运转的控制线路

有的生产机械除了需要正常的连续运行（即长动）外，进行调整工作时，还需要进行点动控制，这就要求控制线路既能实现长动还能实现点动。既能点动又能连续运转的控制线路如图 4 - 11 所示。

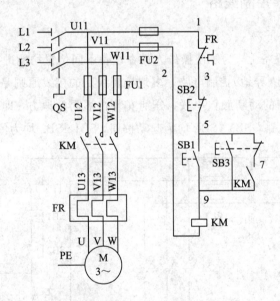

图 4 - 11　既能点动又能连续运转的控制线路

先合上开关 QS，为电路准备电源。

（1）长动控制过程如图 4 - 12 所示。

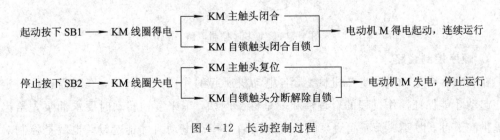

图 4 - 12　长动控制过程

（2）点动控制过程如图 4-13 所示。

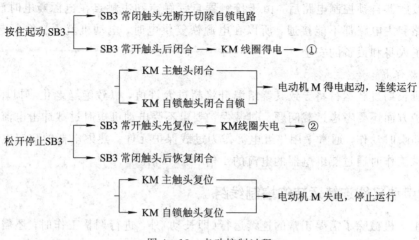

图 4-13　点动控制过程

五、多地控制和顺序控制线路

1. 多地控制线路

一般在大型生产设备上，为了使操作人员在设备不同位置均能进行起、停设备等操作，工厂常常要求安装多地（异地）控制电路。多地控制线路的接线原则是将各起动按钮的动合触点并联，各停止按钮的动断触点串联，分别安装在不同的地方，即可进行多地操作。图 4-14 是某多地控制电路，SB3、SB4 均为起动按钮，SB1、SB2 均为停止按钮。

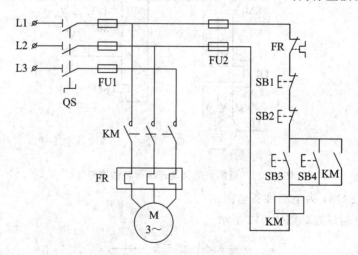

图 4-14　某多地控制电路

2. 顺序控制线路

在装有多台电动机的生产机械上，各电动机所起的作用是不同的，有时需要按一定的顺序起动才能保证操作过程的合理性和安全性。例如，车床主轴转动时要求油泵先给齿轮箱提供润滑油，即要求保证润滑泵电动机起动后主拖动电动机才能起动，也就是控制对象对控制电路提出了按顺序工作的联锁要求。像这种要求一台电动机起动后另一台电动机才能起动的控制方式，称为电动机的顺序控制。

1）主电路实现的顺序控制

图 4－15 是主电路实现电动机顺序控制的电路。其特点是：电动机 M2 的主电路接在电源接触器 KM1 的主触点的下面。这就保证了只有当 KM1 主触点闭合，电动机 M1 起动后，M2 才可能起动。图 4－15(a)中，X 为接插座。图 4－15(b)中，SB2 为 M1 起动按钮，SB3 为 M2 起动按钮。

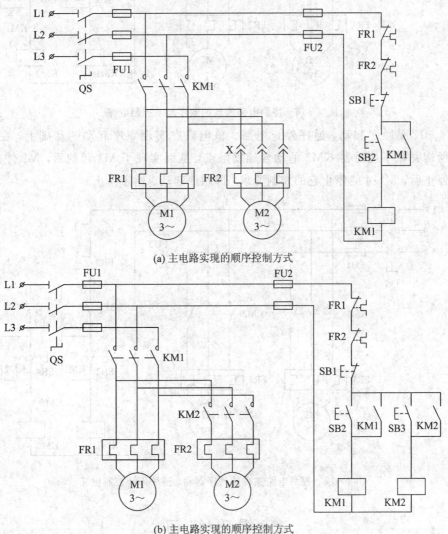

(a) 主电路实现的顺序控制方式

(b) 主电路实现的顺序控制方式

图 4－15 主电路实现的顺序控制电路

2）控制电路实现的顺序控制

图 4－16 是控制电路中实现电动机顺序起动控制的电路。该电路特点是：在电动机 M2 的控制电路中串接了接触器 KM1 的动合辅助触点。显然，只要 M1 不起动，KM1 动合触点不闭合，KM2 线圈就不能得电，M2 电动机就不能起动。

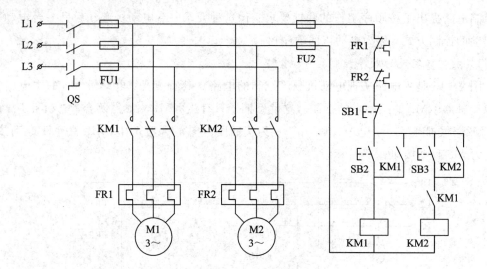

图 4 - 16 控制电路实现的顺序起动控制电路

图 4 - 17 是顺序起动、逆序停止电路。该电路在实现顺序起动的基础上，在电路的 SB1 的两端并联了接触器 KM2 的动合辅助触点，从而实现了 M1 起动后，M2 才能起动，而 M2 停止后，M1 才能停止它的控制要求，即顺序起动、逆序停止。

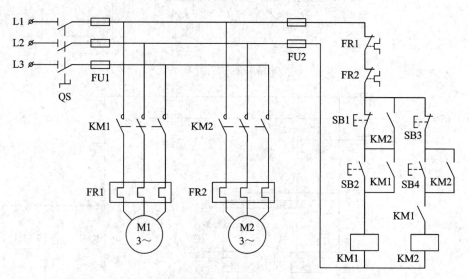

图 4 - 17 控制电路实现的顺序起动、逆序停止控制电路

➡ 提 升 练 习

一、填空题

1. 电气图是以各种_____、_____和_____等形式来表示电气系统中各电气设备、装置、元器件的相互连接关系的图样。

2. 电气控制图按用途和表达方式的不同分成 _____ 、_____ 、_____ 、_____ 。

3. 电源线的画法，原理图中直流电源用_____线画出，_____极在上，_____极在下；三相交流电源线水平画在上方，相序从上到下画出，依次为 L1、L2、L3、_____线和_____线。主电路用_____线条绘制在原理图的_____侧或_____方，另外要_____画出。辅助电路用_____线绘制在原理图的_____侧或_____方，控制电路和信号电路_____在两条水平电源线之间。

4. 主电路是_____到_____或_____的电路，是_____电流通过的电路，辅助电路是_____电流通过的电路，包含_____电路、_____电路、_____电路、_____电路。

5. 元器件的画法规定，元器件均不画_____，只画出_____部件，且同一电器上的带电部件可_____在一起，要按电路中的_____关系画出，但必须用国家标准规定的_____符号画出，且要用_____符号标明。

6. 电路图中，各电器的触头位置都按电路_____或电器_____作用时的_____状态画出。开关类图形符号垂直放置时，以_____原则绘制，水平放置时，以_____原则绘制。

7. 电路图中有直接电联系的交叉导线连接点要用_____表示；无直接电联系的交叉导线连接点用_____表示。

8. 在阅读原理图以前，必须对控制对象有所了解，尤其对_____、_____、_____（或_____）配合得比较密切的生产机械，要搞清其全部的_____过程，并按照"_____、_____"的顺序进行分析。分析电路时，通常从_____电路入手，其次是_____电路、_____电路等进行分析。

9. 当按钮按下时电动机就_____，按钮松开后电动机就_____的控制方式，称为点动控制。

10. 全压起动连续运转控制线路必须_____控制，同时还兼有_____、_____保护和_____保护。其中，_____控制是接触器通过自身辅助动合触点闭合，保持自身线圈得电的工作方式。

11. 能在_____或_____控制同一台电动机的控制方式叫电动机的多地控制，其线路上各地的起动按钮要_____，停止按钮要_____。

12. 要求几台电动机的起动或停止必须按一定的_____来完成的控制方式叫做电动机的顺序控制。三相异步电动机可在_____或_____实现顺序控制。

13. 控制电路实现顺序控制的特点是：后起动电动机的控制电路必须_____在先起动电动机接触器自锁触头之后，并与其接触器线圈_____；或者在后起动电动机的控制电路中串接先起动电动机接触器的_____。

二、判断题

1. 同一功能的元件要集中在一起且按动作先后顺序排列。　　　　　　　　（　　）

2. 接触器自锁控制线路具有失压和欠压保护功能。　　　　　　　　　　（　　）

3. 由于热继电器在电动机控制线路中兼有短路和过载保护，故不需要再接入熔断器作短路保护。　　　　　　　　　　　　　　　　　　　　　　　　　　　　　（　　）

4. 在三相异步电动机控制线路中，熔断器只能作短路保护。　　　　　　（　　）

5. 所谓点动控制，是指点一下按钮就可以使电动机起动并连续运转的控制方式。
　　　　　　　　　　　　　　　　　　　　　　　　　　　　　　　　　（　　）

6. 要使电动机获得点动调整工作状态，控制电路中的自锁回路必须断开。（　　）

7. 题图 4-18 所示为具有过载保护的接触器自锁正转控制线路，当电动机过载或短路时，FR 的常闭触头断开，使 KM 的线圈失电，KM 主触头断开，电动机 M 停转。（　　）

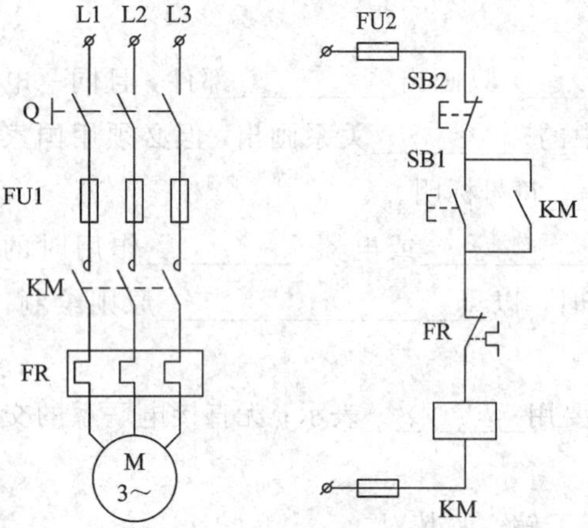

图 4-18

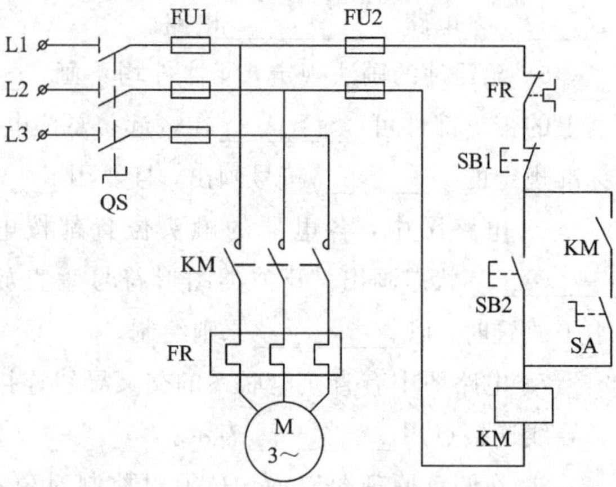

图 4-19

8. 题图 4-19 中，SA 打开时，按下 SB2，KM 线圈得电，电动机 M 是点动控制的。
　　　　　　　　　　　　　　　　　　　　　　　　　　　　　　　　　（　　）

9. 题图 4-19 中，只按下 SB2，电动机 M 可以获得点动控制，再按下 SA，电动机 M 可以获得连续控制。　　　　　　　　　　　　　　　　　　　　　　　　（　　）

10. 电路图中的辅助电路一般跨接在两相电源之间并水平画出。　　　　（　　）

11. 画电路图、接线图、布置图时，同一电器的各元件都要按其实际位置画在一起。
　　　　　　　　　　　　　　　　　　　　　　　　　　　　　　　　　（　　）

12. 接线图主要用于接线安装、线路检查和维修，不能用来分析线路的工作原理。
　　　　　　　　　　　　　　　　　　　　　　　　　　　　　　　　　（　　）

三、选择题

1. 具有过载保护的接触器自锁控制线路中，实现短路保护的电器是（　　　）。

A. 熔断器　　　B. 热继电器　　　C. 接触器　　　D. 电源开关

2. 具有过载作用保护的接触器自锁控制线路中，实现过载保护的电器是（　　　）。

A. 熔断器　　　B. 热继电器　　　C. 接触器　　　D. 电源开关

3. 具有过载保护接触器自锁控制线路中，实现欠压和失压保护的电器是（　　　）。

A. 熔断器　　　B. 热继电器　　　C. 接触器　　　D. 电源开关

4. 连续与点动混合正转控制线路中，点动控制按钮的常闭触头与接触器自锁触头(　　)。

A. 串接　　　　　B. 并接　　　　　　C. 串接或并接

5. 同一电器的各元件在电路图和接线图中使用的图形符号，文字符号要(　　)。

A. 基本相同　　　B. 不同　　　　　C. 完全相同

6. 辅助电路按等电位原则从上至下，从左至右的顺序使用(　　)编号。

A. 数字　　　　　B. 字母　　　　　C. 数字或字母

四、简答题

1. 什么是电路图？其作用是什么？

2. 什么是接线图？其作用是什么？

3. 画布线图有哪些注意点？

4. 什么叫自锁控制？试分析判断图4-20中所示控制电路能否实现自锁控制，若不能，会出现什么现象？

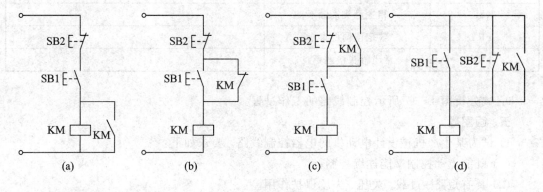

图 4-20

5. 在题图4-21所示控制线路中，哪些地方画错了？试改正之，并按改正后的线路叙述其工作原理。

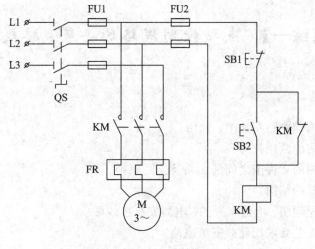

图 4-21

6. 什么叫欠压保护？什么叫失压保护？为什么说接触器自锁控制线路具有欠压和失压保护作用？

7. 什么是过载保护？为什么对电动机要采取过载保护？熔断器能否代替热继电器来实现过载保护？为什么？

8. 在已安装合格的具有过载保护的接触器自锁控制线路板上，人为设置电气自然故障，通电运行并观察故障现象，将故障现象记入表 4-2 中。

表 4-2　故障设置表

故障设置元件	故　障　点	故　障　现　象
SB1	触头接触不良	
SB2	触头不能分断	
KM	线圈接头脱落	
KM	自锁触头接触不良	
KM	一相主触头接触不良	
FR	整定值调得太小	
FR	常闭触头接触不良	

9. 试分析图 4-17 所示控制线路的工作过程。

五、画图题

1. 试为某生产机械设计电动机的电器控制线路，要求如下：

(1) 既能点动控制又能连续控制；

(2) 具有短路、过载、欠压、失压保护作用。

2. 试画出能在两地控制同一台电动机正反转点动控制线路的电路图。

3. 试画出两台电动机 M1、M2 的顺序起动，逆序停止的电气控制线路，并叙述其工作原理。

【技能训练一】　点动控制线路的安装、接线与检修

一、训练目的

(1) 区分电力拖动电路图类型、作用。

(2) 熟悉电气图的常用符号。

(3) 了解电气图的 3 种图之间的关系及绘图原则。

(4) 熟悉接触器的结构。

(5) 会画电气原理图、电器布置图、电器安装接线图。

(6) 能够按照工艺要求用硬线安装电路。

(7) 会用万用表检测电路，会通电调试电路。

(8) 会画接触器点动控制电路电气原理图。

（9）会分析接触器点动控制电路的工作过程。

二、训练器材

三相电源、安装板、接触器、按钮、熔断器、端子排、电动机、硬导线若干、编码管若干、常用电工工具。

三、训练内容与步骤

1. 训练内容

熟悉电动机点动控制电路（见图 4-6）的原理、点动控制线路的安装、接线与检修。

2. 训练步骤

（1）根据点动控制电路原理图 4-6 选择器件：熔断器 5 个、接触器 1 个、三挡按钮 1 只、端子排 1 条、安装板 1 块，并对电器元件的技术数据（例如型号、规格、额定电压、额定电流）、外观、备件、附件、质量等逐一进行检验。

（2）画出点动控制电路电器布置图，如图 4-22 所示。

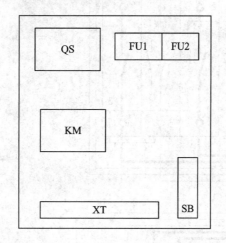

图 4-22　点动控制电路电器布置图

电器布置图绘制注意事项：

① 所有器件垂直放置。

② 器件之间要有适当间距，须考虑布线与散热。

③ 器件按行排列，须考虑线槽或走线方便。

④ 一般熔断器、电源开关在上方，端子排在下方。

⑤ 器件一般用框图形式表示，不代表实际结构，仅仅表示器件的位置。

⑥ 器件的摆放位置，首先根据主电路，其次要兼顾控制电路。

（3）画出安装接线图。

安装接线图的画法有多种形式，初次安装接线可以画详细的电路接线图，以便进行正确的安装接线，待能够熟练安装时，再画安装接线简图。

例如，根据电路原理图 4-6 与电器布置图 4-22，画出详细的电路接线图，如图 4-23 所示。

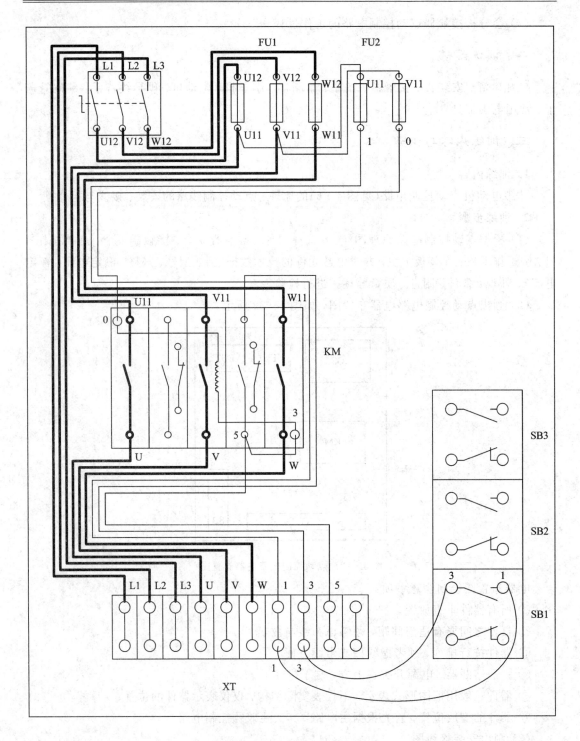

图 4-23 电动机点动布线图

画布线图应注意以下事项：

① 布线通道要尽可能地少，同路并列的导线按主、控电路分类集中，单层密排，紧贴安装板布线。

② 同一平面导线不能交叉，非交叉不可时只能在另一导线因进入接点而抬高时，从其下方的空隙穿过。

③ 布线要横平竖直，弯成直角，分布均匀和便于检修。

④ 布线次序一般是以接触器为中心，由里向外，由低至高，先布置控制电路，后布置主电路。另外主控制回路上下层次要分明，以不妨碍后续布线为原则。

3. 电路安装接线工艺要求

(1) 在进行电气控制线路安装时，主电路导线的截面要根据电动机容量进行选配；控制电路导线一般采用截面为 $1 \mathrm{~mm}^2$ 的塑铜线(BVR)；按钮线一般采用截面为 $0.75 \mathrm{~mm}^2$ 的塑铜线(BVR)；接地线一般采用截面不小于 $1.5 \mathrm{~mm}^2$ 的塑铜线(BVR)。

(2) 电动机及按钮的金属外壳必须可靠接地。

(3) 在控制面板上按安装位置图安装好电器元件，并贴上醒目的文字符号。工艺要求如下：

① 组合开关、熔断器的受电端子应安装在控制板的外侧，并使熔断器的受电端为底座的中心端。

② 各元件的安装位置应整齐、匀称，间距合理，便于元件的更换。

③ 紧固各元件时要用力均匀，紧固程度适当。在紧固熔断器、接触器等易碎裂元件时，应用手按住元件一边轻轻摇动，一边用旋具轮换旋紧对角线上的螺钉，直到手摇不动后再适当旋紧些即可。

(4) 按安装接线图的走线方法进行板前明线布置和套编码套管。板前明线布线的工艺要求如下：

① 布线通道尽可能少，同路并行导线按主、控电路分类集中，单层密排，紧贴安装面布线。

② 同一平面的导线应高低一致或前后一致，不能交叉。非交叉不可时，该根导线应在接线端子引出时就水平架空跨越，但必须布线合理。

③ 布线应横平竖直，分布均匀。变换走向时应垂直。布线时严禁损伤线芯和导线绝缘。

④ 布线顺序一般以接触器为中心，按由里向外，由低至高，先控制电路后主电路顺序进行，以不妨碍后续布线为原则。

⑤ 每根剥去绝缘层导线的两端套上编码套管。所有从一个接线端子(或接线桩)到另一个接线端子(或接线桩)的导线必须无中间接头。

⑥ 导线与接线端子(或接线桩)连接时，应不压绝缘层、不反圈及不露铜过长。

⑦ 一个电器元件接线端子上的连接导线不得多于两根，每节接线端子板上的连接导线一般只允许连接一根。

(5) 根据电路图复验控制板布线、接线的准确性。

(6) 安装电动机。

(7) 连接电动机和按钮金属外壳的保护接地线。

(8) 连接电源、电动机等控制面板外部的导线。电源进线应安装在螺旋式熔断器的下接线柱上。

（9）为防止错接、漏接造成电动机不能正常运转或短路事故，安装完毕后首先要进行自检。自检方法如下：

① 按电路图或接线图从电源端开始，逐段核对接线及接线端子处线号是否准确，有无漏接、错接之处。导线接点是否符合要求，压接是否牢固，接触是否良好。

② 用万用表检查线路的通断情况。检查时，应选用倍率适当的电阻挡，并进行校零，这有利于检查出短路故障。对控制电路的检查（可断开主电路），可将表笔分别搭在 U11、V11 线端上，读数应为"∞"。按下 SB 按钮时，读数应为接触线圈的直流电阻值。然后断开控制电路再检查主电路有无开路或短路现象，此时可用手动来代替接触器通电进行检查。

③ 用兆欧表检查线路的绝缘电阻值应不小于 1 MΩ。

（10）复验。初学者应找一位经验丰富的电工在自检的基础上进行复验。

（11）通电试机。为保证人身安全，在通电试机时要认真执行安全操作规程的有关规定，一人监护，一人操作。

【技能训练二】 单向起动控制线路的安装、接线与检修

一、训练目的

（1）区分电力拖动电路图类型、作用。

（2）熟悉电气图的常用符号。

（3）了解电气图的 3 种图之间的关系及绘图原则。

（4）熟悉接触器的结构。

（5）会画电气原理图、电器布置图、电器安装接线图。

（6）能够按照工艺要求用硬线安装电路。

（7）会用万用表检测电路，会通电调试电路。

（8）会画接触器长动控制电路电气原理图。

（9）会分析接触器长动控制电路的工作过程。

二、训练器材

三相电源、安装板、接触器、按钮、熔断器、端子排、电动机、硬导线若干、编码管若干、常用电工工具。

三、训练内容与步骤

1. 训练内容

熟悉电动机长动控制电路（见图 4−7）的原理、单向起动控制线路的安装、接线与检修。

2. 训练步骤

（1）根据电路原理选择器件，根据图 4-7 选择电路器件：熔断器 5 个、接触器 1 个、三挡按钮 1 只、端子排 1 条、安装板 1 块。

（2）画出电路电器布置图，如图 4-24 所示。

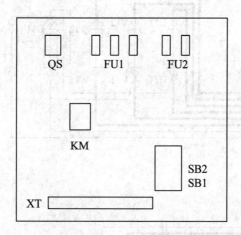

图 4-24　长动控制电路电器布置图

电器布置图绘制时应注意以下事项：

① 所有器件垂直放置。

② 器件之间要有适当间距，须考虑布线与散热。

③ 器件按行排列，须考虑线槽或走线方便。

④ 一般熔断器、电源开关在上方，端子排在下方。

⑤ 器件一般用框图形式表示，不代表实际结构，仅仅表示器件的位置。

⑥ 器件的摆放位置，首先根据主电路，其次要兼顾控制电路。

（3）画出安装接线图。

安装接线图的画法有多种形式，初次安装接线可以画详细的电路接线图，以便进行正确的安装接线，待能够熟练安装时，再画安装接线简图。

例如，根据电路原理图 4-7 与电器布置图 4-24，画出详细的电路接线图，如图 4-25 所示。

画布线图时应注意以下事项：

① 布线通道要尽可能地少，同路并列的导线按主、控电路分类集中，单层密排，紧贴安装板布线。

② 同一平面导线不能交叉，非交叉不可时只能在另一导线因进入接点而抬高时，从其下方的空隙穿过。

③ 布线绘制要横平竖直，弯成直角，分布均匀和便于检修。

④ 布线次序一般是以接触器为中心，由里向外，由低至高，先布置控制电路，后布置主电路。另外主控制回路上下层次要分明，以不妨碍后续布线为原则。

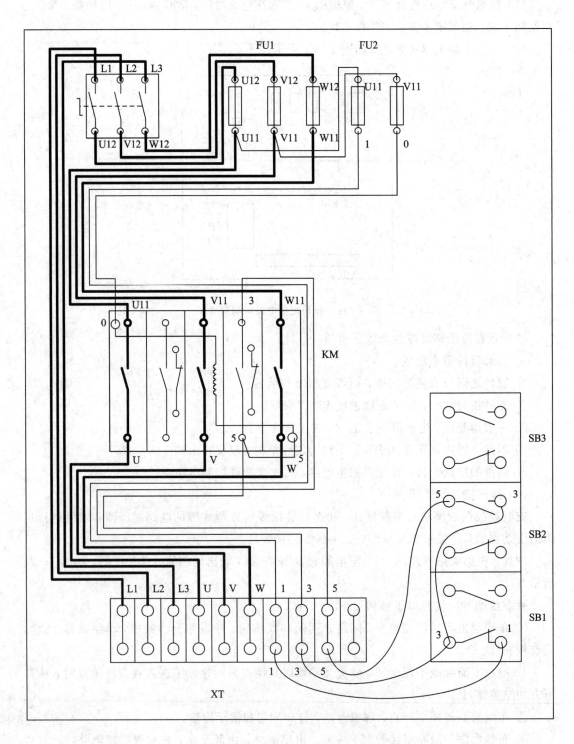

图 4-25 电动机长动控制接线图

3. 电路安装接线工艺要求

（1）电动机及按钮的金属外壳必须可靠接地。

（2）螺旋式熔断器座螺壳端（上接线端）应接负载，另一端（下接线端）接电源，如图 4－26 所示。

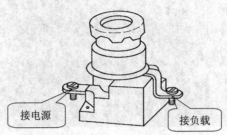

图 4－26　熔断器接线方法

（3）所有电器上的空余螺钉一律拧紧。

（4）主触点和辅助触点应分别安装在主电路和控制电路。

（5）RL 系列熔断器安装接线，导线至少要弯四分之三的圆弧，而且圆弧的方向与螺钉拧紧方向一致，导线在两个垫片之间，如图 4－27 所示。安装接线实物如图 4－28 所示。

图 4－27　熔断器安装接线

图 4－28　熔断器安装实物

（6）每个接线座必须套上与电路原理图号码一致的编码管。

（7）如果接线座采用瓦片式，例如接触器、热继电器、端子排等，那么导线（多股软线须拧紧）可以直接插入。接触器安装接线实物如图 4－29～图 4－31 所示。

图 4－29　接触器端子接线实物

图 4 - 30　接触器端子接线实物

图 4 - 31　接触器端子接线实物

（8）端子排的安装接线顺序，应该先主电路，后控制电路。如图 4 - 32、图 4 - 33 所示。

图 4 - 32　端子排接线实物

图 4 - 33　端子排接线实物

（9）按钮安装接线都是从端子排过来的，一般红色为停止按钮，绿色为起动按钮，所有线都要经按钮盒的线孔穿入至接线端。

注意区分复合按钮的动合与动断触点。为区分动合与动断触点应使用万用表进行检测：动合一组的电阻为无穷大，动断一组的电阻约为零。图 4 - 34 为复合按钮动合与动断触点，复合按钮的接线如图 4 - 35 所示。

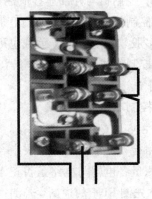

图 4 - 34　按钮动合与动断触头　　　　　图 4 - 35　复合按钮的接线

（10）安装接线露铜不能过长，导线裸露不能超过芯线外径，但也不能压皮。例如图 4 - 36 中露铜过长。

图 4 - 36　露铜过长

（11）软线头绞紧后以顺时针方向围绕螺钉一周，回绕一圈，端头压入螺钉。外露裸导线，不超过所使用导线的芯线外径。例如图 4 - 37 没有绞紧后接。

图 4 - 37　接线不规范

（12）每个电器元件上的每个接点不能超过 2 个线头。

（13）控制板与外部连接应注意以下事项：

① 控制板与外部按钮、行程开关、电源负载的连接通过端子排，应穿过护线管，且连接线用多股软铜线。电源负载也可用橡胶电缆连接。

② 控制板或配电箱内的电器元件布局要合理，这样既便于接线和维修，又保证安全和规整、好看。

4. 控制电路得电测试

1）电路检查

电路检查一般运用万用表中合适的电阻挡进行，先查主电路，再查控制电路，分别用万用表测量各电器与电路是否正常。

（1）先测 FU1 的通断，若测得 FU1 两端的电阻值为 0，则表示 FU1 正常。再测每相电动机的阻值，确保电动机正常。

（2）判断主电路正常与否。用万用表测 R_{U1V1}、R_{V1W1}、R_{W1U1}，若测得值为无穷大，则表示正常；按下接触器的测试柱，再测 R_{U1V1}、R_{V1W1}、R_{W1U1} 的值与电动机的每相电阻是否有关。具体正常值主要看电动机的接法，如果电动机接成星形，那么电阻值为两相电阻的串联值；如果电动机接成三角形，那么电阻值为两相电阻串联后和一相电阻并联的值。

（3）判断控制电路正常与否。先测 FU2 的通断，若测得 FU2 两端的电阻值为 0，则表示 FU2 正常。再测接触器线圈的阻值，确保接触器正常。

（4）用万用表测 0 号和 1 号线之间的电阻 R_{01}，若测得值为无穷大，则表示正常。按下按钮 SB2，再测 R_{01} 的值应等于接触器线圈电阻。同样，按下接触器的测试柱，测得 R_{01} 的值还应等于接触器线圈电阻。若此时同时按下按钮 SB1，测得 R_{01} 的值变为无穷大，则表明停止按钮起了作用。

2）控制电路操作试机

经上述检查无误后，检查三相电源，断开主电路的保险，按一下对应的起动、停止按钮，各接触器应有相应的动作。

5. 长动控制电路安装接线参考图

长动控制电路安装接线参考图，如图 4-38 所示。

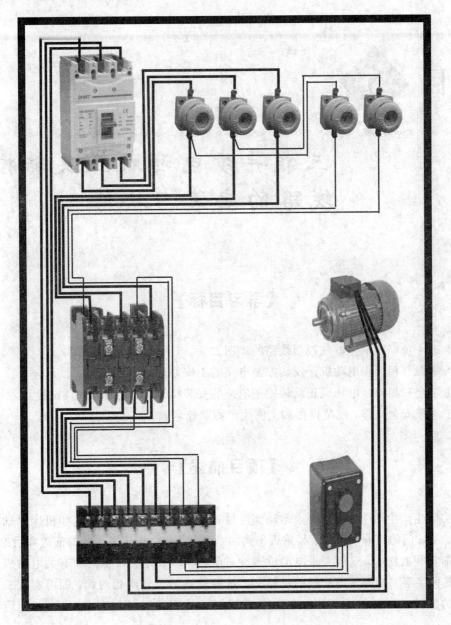

图 4-38　长动控制电路安装接线参考图

项目 **5**

三相异步电动机正反转控制线路的安装与检修

【学习目标】

（1）进一步牢固掌握电气控制线路的读图方法。
（2）掌握三相异步电动机正反转控制电路的工作原理。
（3）学会三相异步电动机正反转控制电路的安装接线、工艺要求和调试检修。
（4）养成安全操作、规范操作和文明生产的职业素养。

【项目描述】

在实际生产生活中，往往要求运动部件做正反两个方向的运动，比如机床主轴的正转和反转、伸缩门的打开和关闭、起重机吊钩的上升和下降、机床工作台的前进和后退、机械装置的加紧和放松等，这就要求电动机通过正反转实现控制。根据前面有关电动机原理可知，只要将接至三相异步电动机的三相交流电源进线的任意两相对调，即可实现三相异步电动机的反转。

【知识链接】

一、利用倒顺开关实现电动机正反转的控制电路

1. 倒顺开关的结构、用途和使用

倒顺开关如图 5 - 1 和图 5 - 2 所示。倒顺开关也属于组合开关，能接通和分断电源，

而且还能改变电源输入的相序，用来实现对小容量电动机的正反转控制，因此倒顺开关又称可逆转换开关。倒顺开关手柄有三个位置：顺、停、倒。当手柄处于"停"的位置时，开关的动触点与静触点不接触；当手柄处于"顺"的位置时，转轴带动一组动触点与静触点接触，电路接通；当手柄处于"倒"的位置时，转轴带动另一组动触点与静触点接触，将电源的相序变换。

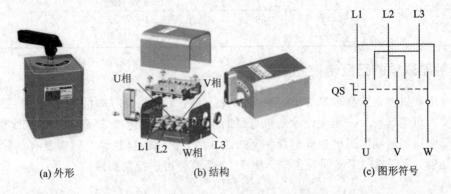

(a) 外形　　　　　　　(b) 结构　　　　　　(c) 图形符号

图 5-1　倒顺开关

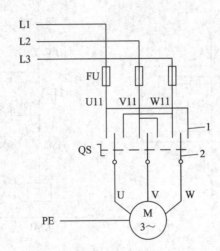

图 5-2　倒顺开关直接控制电动机正反转的电路

倒顺开关在使用时须先将手柄扳至"停"的位置，待电动机停转后，再将手柄转向另一方。切忌不停顿就将手柄由一方直接转向另一方，因为电源在突然反接电动机定子绕组时会产生很大的电流，易使定子绕组过热而损坏。

2. 控制电路及原理

图 5-2 是用倒顺开关直接控制电动机的正反转的电路。由于倒顺开关无灭弧装置，故此电路仅适用于控制容量为 5.5 kW 以下的电动机。

操作倒顺开关 QS，电路状态如表 5-1 所示。

表 5 - 1　倒顺开关电路状态

手柄位置	QS 状态	电路状态	电动机状态
停	QS 的动、静触点不接触	电路不通	电动机不转
顺	QS 的动触点与左边的静触点接触	电路按 L1 - U、L2 - V、L3 - W 接通	电动机正转
倒	QS 的动触点与右边的静触点接触	电路按 L1 - W、L2 - V、L3 - U 接通	电动机反转

二、接触器联锁的正反转控制线路

各种生产机械常常要求具有上、下、左、右、前、后等相反方向的运动，这就要求电动机能够实现可逆运行。三相交流电动机可借助正反向接触器改变定子绕组相序来实现。为避免正反向接触器同时通电造成电源相间短路故障，正反向接触器之间需要有一种制约关系——互锁，保证它们不能同时工作。图 5 - 3 是两种可逆控制线路。

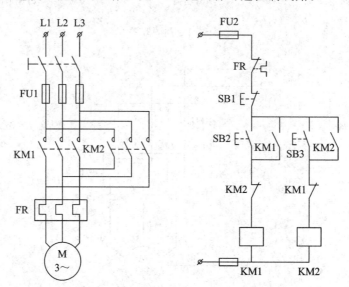

图 5 - 3　接触器联锁可逆旋转控制电路

1. 识读电路图

图 5 - 3 是接触器联锁可逆控制线路。利用两个接触器的常闭触头 KM1 和 KM2 相互制约，即当一个接触器通电时，利用其串联在对方接触器的线圈电路中的常闭触头的断开来锁住对方线圈电路。这种利用两个接触器的常闭辅助触头互相控制的方法称为"互锁"，起互锁作用的两对触头称为互锁触头。

2. 工作原理

当按下正转起动按钮 SB2 时，KM1 线圈得电并自锁，三相电源 L1、L2、L3 按 U—V—W 相序接入电动机，电动机正转。当按下反转起动按钮 SB3 时，KM2 线圈得电并自锁，三相电源 L1、L2、L3 按 W—V—U 相序接入电动机，即 U 和 W 两相接线对调，电动机反转。无论是在正转还是反转运行的过程中，只要按下停止按钮 SB1，接触器 KM1 或 KM2

线圈就会失电，接触器主触点恢复，电动机停止运行。这种只有接触器互锁的可逆控制线路在正转运行时，要想反转必先停下，否则不能反转，因此叫做"正—停—反"控制线路。

三、接触器按钮双重互锁的正反转控制线路

1. 识读电路图

图 5-4 是双重互锁可逆旋转的控制电路。在这个线路中，正转起动按钮 SB2 的常开触点用来使正转接触器 KM1 的线圈瞬时通电，其常闭触头则串联在反转接触器 KM2 线圈的电路中，用来锁住 KM2。反转起动按钮 SB3 也按 SB2 的道理同样进行，当按下 SB2 或 SB3 时，首先是常闭触头断开，然后是常开触头闭合。这样在需要改变电动机运动方向时，就不必按 SB1 停止按钮了，直接操作正反转按钮就能实现电动机的可逆运转。这个线路既有接触器互锁，又有按钮互锁，因此叫做具有双重互锁的可逆控制线路，为机床电气控制系统所常用。

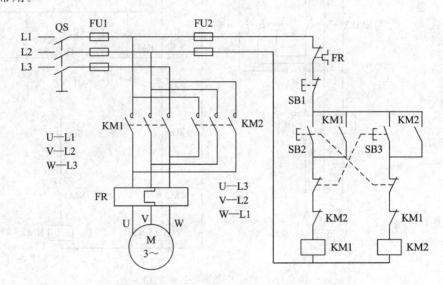

图 5-4　双重互锁可逆旋转的控制电路

2. 工作原理

当按下正转起动按钮 SB2 时，KM1 线圈得电并自锁，三相电源 L1、L2、L3 按 U—V—W 相序接入电动机，电动机正转。当按下反转起动按钮 SB3 时，由于 SB3 按钮的常闭触点串联在 KM1 线圈中，此时 SB3 常闭触点断开，KM1 线圈失电，电动机断开电源。与此同时 SB3 按钮的常开触点闭合，KM2 线圈得电并自锁，三相电源 L1、L2、L3 按 W—V—U 相序接入电动机，电动机反转，从而实现了电动机由正转直接变为反转。电动机由反转直接变为正转的原理与由正转直接变为反转的原理类似，这里不再叙述。

四、自动往复循环控制线路

在应用平面磨床、龙门刨床加工时，工件被固定在工作台上，由工作台带动做往复运动。工作台的自动往复运动如图 5-5 所示。

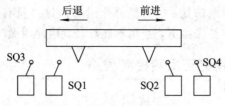

图 5-5　工作台自动往复运动

自动往复循环控制线路如图 5-6 所示。

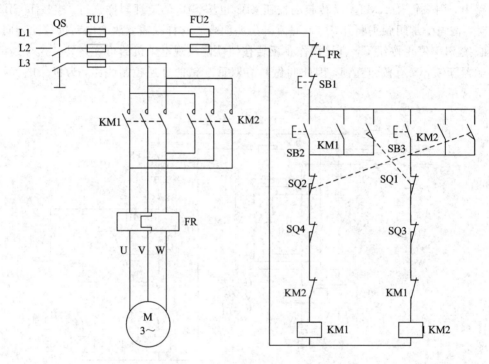

图 5-6　自动往复循环控制电路

1. 识读电路图

在图 5-6 自动往复循环控制线路中，KM1 和 KM2 分别是电动机正反转接触器，SB1 为停止按钮，SB2 和 SB3 分别是电动机正反转起动按钮，SQ1 为电动机反转变正转限位开关，SQ2 为电动机正转变反转限位开关，当工作台到达此位置时，电动机转动方向改变。SQ3 和 SQ4 为极限位置的限位开关，分别安装在运动部件正反向极限位置，起极限保护作用。

2. 工作原理

按下正转起动按钮 SB2，接触器 KM1 线圈得电并自锁，电动机正转运行，工作台前进。当工作台到达 SQ2 位置时，撞块压合 SQ2 操作头，KM1 线圈失电，同时线圈 KM2 得电自锁，电动机反转运行，工作台后退。若撞块压合不上 SQ2 操作头，KM1 线圈无法失电，工作台会继续前进。当撞块压下极限位置开关 SQ4 时，KM1 线圈失电，电动机停止运行，从而避免事故的发生。反转过程类似，这里不再叙述。

提升练习

一、填空题

1. 要使三相异步电动机反转，就必须改变接入电动机定子绕组的_____，即只要把接入电动机三相电源进线中的任意_____相对调接线即可。

2. 倒顺开关接线时，应将开关两侧的进出线中的_____互换，并标记为_____接电源，标记为_____接电动机。

二、选择题

1. 要使三相异步电动机反转，只要（　　）就能完成。

A. 降低电压　　　　　　　　　B. 降低电流

C. 将任两根电源线对调　　　　D. 降低电路功率

2. 在接触器联锁的正反转控制电路中，其联锁触点应是对方接触器的（　　）。

A. 主触点　　　　　　　　　　B. 常开辅助触点

C. 常闭辅助触点　　　　　　　D. 常开触点

3. 在接触器、按钮双重联锁的正反转控制电路中，要使电动机从正转变为反转，正确的操作方法是（　　）。

A. 可直接按下反转起动按钮

B. 可直接按下正转起动按钮

C. 必须先按下停止按钮，再按下反转起动按钮

D. 必须先按下停止按钮，再按下正转起动按钮

4. 为避免正、反转接触器同时得电，电路采取了（　　）。

A. 自锁控制　　　　　　　B. 联锁控制　　　　　　　C. 位置控制

5. 能完成工作台自动往返循环控制要求的主要电气元件是（　　）。

A. 行程开关　　　　　　　　　B. 接触器

C. 按钮　　　　　　　　　　　D. 组合开关

6. 自动往返循环控制电路属于（　　）。

A. 正反转控制　　　　　　　　B. 点动控制

C. 自锁控制　　　　　　　　　D. 顺序控制

三、设计题

设计一个小车运行的电气控制电路图，其动作要求如下：

(1) 按下起动按钮，小车由原点开始前进，到终点后自动停止。

(2) 在终点停留 3 min 后自动返回原点停止。

(3) 在前进或后退途中任意位置都能停止和再次起动。

(4) 电动机要有必要的联锁和安全保护。

【技能训练一】 双重联锁的正反转控制线路的安装与调试

一、训练目的

（1）熟悉常用电器元件的结构和使用方法。

（2）能根据原理图完成线路的安装和调试。

（3）熟悉接线工艺、要求和安全操作规程。

二、训练器材

电器元件明细，如表5-2所示。

表5-2 元器件明细

代号	名称	型号	数量
M	三相异步电动机	Y-112M-4	1
QS	低压断路器	NBE7LE-63 2P	1
FU1	熔断器	RL1-60/25	3
FU2	熔断器	RL1-15/2	2
KM	接触器	CJ10-20	2
FR	热继电器	JR16-20/3	1
SB	按钮盒	LA4-3H	1
XT	端子排	JX2-1015	1

三、训练内容及要求

1. 器件安装

根据布置图（见图5-7）在控制板上安装电器元件。

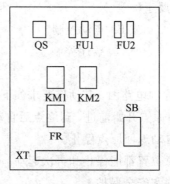

图5-7 正反转控制线路元器件布置图

2. 配线安装

根据正反转控制电路原理图(见图 5-8)完成线路的连接。电路安装接线工艺及要求请参见"项目 4 技能训练"的要求。

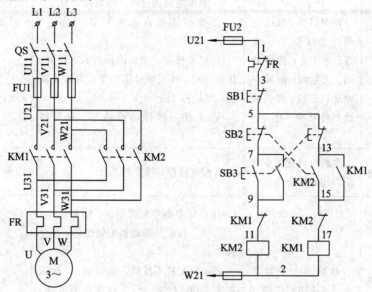

图 5-8　正反转控制电路原理图

3. 线路检测

(1) 检查控制电路，用万用表表笔分别搭载控制电路电源两端，这时万用表读数应为无穷大；按下 SB2 或 SB3 时读数应为接触器线圈的直流电阻值。

(2) 检查主电路，对手动代替受电线圈吸合时的情况进行检查。

4. 通电试机

合上开关 QS，根据工作原理分析正转控制、反转控制和停止的动作次序。

四、考核评价

本项目的考核内容及评分要求，如表 5-3 所示。

表 5-3　考核评价表

序号	项目内容	考核要求	评分细则	配分	扣分	得分
1	器件检查	正确选择元器件和电动机，并对元器件进行检测	① 元器件选择不正确，每个扣 2 分 ② 元器件漏检或错检，每个扣 2 分 ③ 电动机漏检或错检，每处扣 2 分	10 分		
2	器件安装	根据图纸要求，正确利用电工工具安装元器件	① 器件安装不牢固，安装时漏装固定螺丝，每只扣 2 分 ② 器件安装不整齐、不合理，每处扣 2 分 ③ 器件损坏，每只扣 5 分	15 分		

续表

序号	项目内容	考核要求	评分细则	配分	扣分	得分
3	布线	按图接线，接线正确；走线整齐、美观、不交叉；连接紧固、无毛刺；电源和电动机配线、按钮接线要接至端子排	① 未按电路图接线，每处扣2分 ② 布线不符合规范要求，每处扣2分 ③ 接点松动、接头露铜过长、反圈、压绝缘层、标记线号不清楚、遗漏或误标，每处扣2分 ④ 损伤导线绝缘或线芯，每根扣2分	25分		
4	线路检查	在断电情况下会利用万用表检查线路	漏检或错检，每处扣2分	10分		
5	通电试机	线路通电正常工作，各项功能正确	① 热继电器整定值错误，扣3分 ② 主、控电路熔断器配错熔体，每个扣3分 ③ 1次试机不成功，扣10分；2次试机不成功，扣20分；3次试机不成功，本项记0分 ④ 出现电源短路或其他严重现象，本项记0分	30分		
6	安全操作	安全文明规范操作	① 未穿戴防护用品，扣3分 ② 调试检修前未清点工具、仪器、耗材，扣2分 ③ 未经验电笔测试前，用手触摸接线端，扣5分 ④ 随意摆放工具、耗材和杂物，完成后不清理工位，扣2～5分 ⑤ 违规操作，扣5～10分	10分		
定额时间 180 min		每超过5 min(包括5 min以内)，扣5分		成绩		

【技能训练二】 自动往返控制线路的安装接线与调试

一、训练目的

(1) 熟悉常用电器元件的结构和使用方法。

(2) 能根据原理图完成线路的安装和调试。

（3）熟悉接线工艺、要求和安全操作规程。

二、训练器材

电器元件明细，如表 5-4 所示。

表 5-4　元器件明细

代号	名称	型号	数量
M	三相异步电动机	Y-112M-4	1
QS	低压断路器	NBE7LE-63 2P	1
FU1	熔断器	RL1-60/25	3
FU2	熔断器	RL1-15/2	2
KM	接触器	CJ10-20	2
SQ	行程开关	LX19-111	2
FR	热继电器	JR16-20/3	1
SB	按钮盒	LA4-3H	1
XT	端子排	JX2-1015	1

三、训练内容及要求

1. 器件安装

根据布置图（见图 5-9）在控制板上安装电器元件。电路安装接线工艺及要求请参见"项目 4 技能训练"的要求。

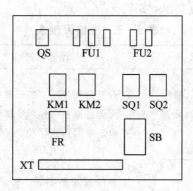

图 5-9　正反转控制线路元器件布置图

2. 配线安装

根据自动往复循环控制电路原理图（见图 5-10）完成线路的连接。

3. 线路检测

（1）检查控制电路，用万用表表笔分别搭载控制电路电源两端，这时万用表读数应为

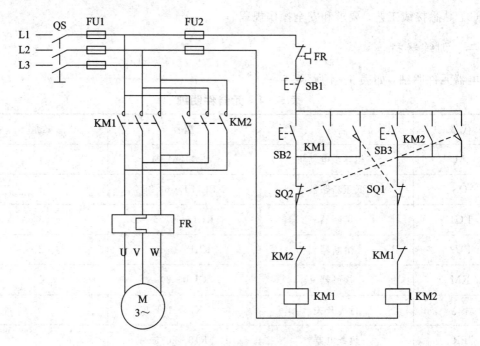

图 5-10 自动往复循环控制电路原理图

无穷大；按下 SB2 或 SB3 时读数应为接触器线圈的直流电阻值。

（2）检查主电路，对手动代替受电线圈吸合时的情况进行检查。

4．通电试机

合上开关 QS，根据工作原理分析正转控制、反转控制和停止的动作次序，通过行程开关实现正反转的自动切换。

四、考核评价

本项目的考核内容及评分要求，如表 5-5 所示。

表 5-5　考核评价表

序号	项目内容	考核要求	评分细则	配分	扣分	得分
1	器件检查	正确选择元器件和电动机，并对元器件进行检测	① 元器件选择不正确，每个扣 2 分 ② 元器件漏检或错检，每个扣 2 分 ③ 电动机漏检或错检，每处扣 2 分	10 分		
2	器件安装	根据图纸要求，正确利用电工工具安装元器件	① 器件安装不牢固，安装时漏装固定螺丝，每只扣 2 分 ② 器件安装不整齐、不合理，每处扣 2 分 ③ 器件损坏，每只扣 5 分	15 分		

序号	项目内容	考核要求	评分细则	配分	扣分	得分
3	布线	按图接线，接线正确；走线整齐、美观、不交叉；连接紧固、无毛刺；电源和电动机配线、按钮接线要接至端子排	① 未按电路图接线，每处扣 2 分 ② 布线不符合规范要求，每处扣 2 分 ③ 接点松动、接头露铜过长、反圈、压绝缘层、标记线号不清楚、遗漏或误标，每处扣 2 分 ④ 损伤导线绝缘或线芯，每根扣 2 分	25 分		
4	线路检查	在断电情况下会利用万用表检查线路	漏检或错检，每处扣 2 分	10 分		
5	通电试机	线路通电正常工作，各项功能正确	① 热继电器整定值错误，扣 3 分 ② 主、控电路熔断器配错熔体，每个扣 3 分 ③ 1 次试机不成功，扣 10 分；2 次试机不成功，扣 20 分；3 次试机不成功，本项记 0 分 ④ 出现电源短路或其他严重现象，本项记 0 分	30 分		
6	安全操作	安全文明规范操作	① 未穿戴防护用品，扣 3 分 ② 调试检修前未清点工具、仪器、耗材，扣 2 分 ③ 未经验电笔测试前，用手触摸接线端，扣 5 分 ④ 随意摆放工具、耗材和杂物，完成后不清理工位，扣 2~5 分 ⑤ 违规操作，扣 5~10 分	10 分		
定额时间 180 min		每超过 5 min（包括 5 min 以内），扣 5 分		成绩		

项目 **6**

三相异步电动机 Y－△降压起动控制线路的安装与检修

【学习目标】

(1) 掌握笼型异步电动机的 Y-△降压起动控制线路的组成，并能画出控制线路图。

(2) 掌握时间继电器的作用和使用方法。

(3) 学会三相异步电动机 Y-△降压起动控制线路的安装接线、工艺要求和调试检修。

(4) 养成安全操作、规范操作和文明生产的职业素养。

【项目描述】

正确识读笼型异步电动机的 Y-△降压起动控制线路电气原理图，并理解其工作原理；根据电气原理图及电动机型号选用合适的电器元件、电工器材；按一定步骤、工艺要求安装布线，然后进行线路检查和通电试机。

【知识链接】

电动机由静止到通电正常运行的过程称为电动机的起动过程。在这一过程中，小号电动机的功率较大，起动电流也较大。通常起动电流是电动机额定电流的 4 倍～7 倍。小功率电动机起动时，起动电流虽较大，但和电网电流相比还是比较小的，故小功率电动机可以直接起动。若电动机的功率较大，则起动电流会很大，会对电网造成影响，此时往往采用降压起动。一般规定：电源容量在 180 kVA 以上、电动机容量在 7 kW 以下的三相异步电动机可采用直接起动。常用的降压起动主要有 Y -△降压起动、串电阻降压起动、自耦变压器降压起动及延边三角形降压起动。本项目主要介绍 Y -△降压起动控制电路。

　　Y -△降压起动是指电动机起动时，把定子绕组接成星形，以降低起动电压，减小起动电流；待电动机平稳起动后，再把定子绕组改接成三角形，使电动机全压运行。这种方法适用于空载或轻载状态下起动，并且只能适用于正常运转时定子绕组接成三角形的异步电动机。

一、按钮、接触器控制 Y -△降压起动控制电路

1. 识读电路图

　　按钮、接触器控制 Y -△降压起动控制电路如图 6 - 1 所示，图中采用了 3 个接触器、3 个按钮。KM1 和 KM2 构成星形起动，KM1 和 KM3 构成三角形全压运行。SB1 为总的停止按钮，SB2 为星形起动按钮，SB3 为三角形起动按钮。

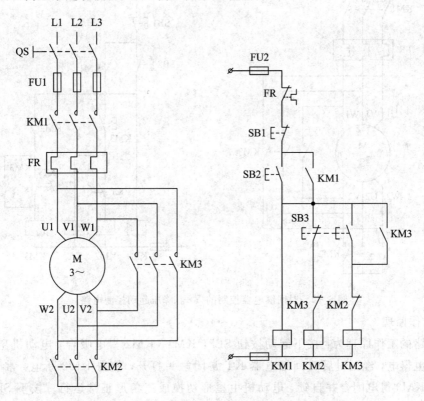

图 6 - 1　按钮、接触器控制 Y -△降压起动控制电路

2. 工作原理

　　该电路的工作原理为：按下起动按钮 SB2，KM1、KM2 得电吸合，KM1 自锁，电动机星形起动，待电动机转速接近额定转速时按下 SB3，KM2 断电，KM3 得电并自锁，电动机转换成三角形全压运行。按下 SB1，KM1 和 KM3 失电，电动机停止运行。其中 KM2 和 KM3 常闭触点起互锁保护。该电路采用按钮手动控制 Y -△的切换，存在操作不方便、切换时间不易掌握的缺点。为克服电路的不足，可采用时间继电器控制的 Y -△降压起动。

二、时间继电器控制 Y-△降压起动控制电路

1. 识读电路图

时间继电器控制 Y-△降压起动控制电路如图 6-2 所示。该电路由 3 个接触器、1 个时间继电器和 2 个按钮构成。KM1 和 KM2 构成星形起动，KM1 和 KM3 构成三角形全压运行，时间继电器 KT 用作控制 Y 形降压起动时间和 Y-△的自动切换。SB2 为电路的起动按钮，SB1 为停止按钮。

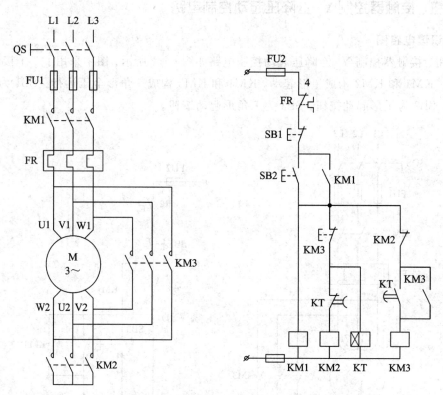

图 6-2　时间继电器控制的 Y-△降压起动控制电路

2. 工作原理

该电路的工作原理为：按下起动按钮 SB2，KM1、KM2 得电吸合，电动机星形起动，同时 KT 也得电，经延时后时间继电器 KT 常闭触头打开，使得 KM2 断电，常开触头闭合，使得 KM3 得电闭合并自锁，电动机由星形切换成三角形正常运行。按下 SB1，KM1和 KM3 失电，电动机停止运行。

➡ 提升练习

一、填空题

1. 常见的降压起动方法有＿＿＿＿＿＿、＿＿＿＿＿＿、＿＿＿＿＿＿和＿＿＿＿＿＿四种。

2. Y-△降压起动是指电动机起动时，把定子绕组接成＿＿＿＿＿＿，以降低起动电压，

减小起动电流；待电动机平稳起动后，再把定子绕组改接成_____，使电动机全压运行。这种方法只能适用于正常运转时定子绕组接成_____的异步电动机。

二、选择题

1. 三相笼型异步电动机直接起动时起动电流较人，一般达到额定电流的（　　）倍。

A. 2～3　　　　　　B. 3～4　　　　　　C. 4～7　　　　　　D. 10

2. 当异步电动机采用 Y － △降压起动时，每相绕组的电压是△连接全压起动的（　　）倍。

A. 2　　　　　　　B. 3　　　　　　　C. 1/3　　　　　　D. $1/\sqrt{3}$

3. 当异步电动机采用 Y － △降压起动时，起动转矩是△连接全压起动的（　　）倍。

A. 2　　　　　　　B. 3　　　　　　　C. 1/3　　　　　　D. $1/\sqrt{3}$

三、简答题

三相笼型异步电动机在什么情况下可采用 Y － △降压起动？定子绕组为星形连接的笼型异步电动机能否采用 Y － △降压起动方法？为什么？

【技能训练】　Y － △降压起动控制电路的安装与调试

一、训练目的

(1) 熟悉常用电器元件的结构和使用方法。

(2) 能根据原理图完成线路的安装和调试。

(3) 熟悉接线工艺、要求和安全操作规程。

二、训练器材

电器元件明细如表 6 - 1 所示。

表 6 - 1　元器件明细

代号	名称	型号	数量
M	三相异步电动机	Y - 112M - 4	1
QS	低压断路器	NBE7LE - 63 2P	1
FU1	熔断器	RL1 - 60/25	3
FU2	熔断器	RL1 - 15/2	2
KM	接触器	CJ10 - 20	3
KT	时间继电器	JSZ3Y - C	1
FR	热继电器	JR16 - 20/3	1
SB	按钮盒	LA4 - 3H	1
XT	端子排	JX2 - 1015	1

三、训练内容及要求

1. 器件安装

根据布置图(见图 6-3)在控制板上安装电器元件。

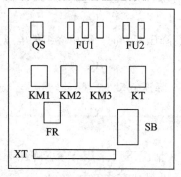

图 6-3　Y-△降压起动控制电路元器件布置图

2. 配线安装

根据 Y-△降压起动控制电路原理图(见图 6-4)完成线路的连接。

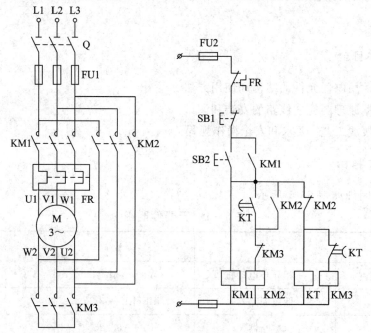

图 6-4　Y-△降压起动控制电路原理图

3. 线路检测

(1)检查控制电路,用万用表表笔分别搭载控制电路电源两端,这时万用表读数应为无穷大;按下 SB2 时读数应为接触器线圈的直流电阻值。

(2)检查主电路,对手动代替受电线圈吸合时的情况进行检查。

4. 通电试机

合上开关 QS,根据工作原理分析正转控制、反转控制和停止的动作次序。

四、考核评价

本项目的考核内容及评分要求，如表 6－2 所示。

表 6　2　考核评价表

序号	项目内容	考核要求	评分细则	配分	扣分	得分
1	器件检查	正确选择元器件和电动机，并对元器件进行检测	① 元器件选择不正确，每个扣 2 分 ② 元器件漏检或错检，每个扣 2 分 ③ 电动机漏检或错检，每处扣 2 分	10 分		
2	器件安装	根据图纸要求，正确利用电工工具安装元器件	① 器件安装不牢固，安装时漏装固定螺丝，每只扣 2 分 ② 器件安装不整齐、不合理，每处扣 2 分 ③ 器件损坏，每只扣 5 分	15 分		
3	布线	按图接线，接线正确；走线整齐、美观、不交叉；连接紧固、无毛刺；电源和电动机配线、按钮接线要接至端子排	① 未按电路图接线，每处扣 2 分 ② 布线不符合规范要求，每处扣 2 分 ③ 接点松动、接头露铜过长、反圈、压绝缘层、标记线号不清楚、遗漏或误标，每处扣 2 分 ④ 损伤导线绝缘或线芯，每根扣 2 分	25 分		
4	线路检查	在断电情况下会利用万用表检查线路	漏检或错检，每处扣 2 分	10 分		
5	通电试机	线路通电正常工作，各项功能正确	① 热继电器整定值错误，扣 3 分 ② 主、控电路熔断器配错熔体，每个扣 3 分 ③ 1 次试机不成功，扣 10 分；2 次试机不成功，扣 20 分；3 次试机不成功，本项记 0 分 ④ 出现电源短路或其他严重现象，本项记 0 分	30 分		
6	安全操作	安全文明规范操作	① 未穿戴防护用品，扣 3 分 ② 调试检修前未清点工具、仪器、耗材，扣 2 分 ③ 未经验电笔测试前，用手触摸接线端，扣 5 分 ④ 随意摆放工具、耗材和杂物，完成后不清理工位，扣 2～5 分 ⑤ 违规操作，扣 5～10 分	10 分		
	定额时间 180 min	每超过 5 min(包括 5 min 以内)，扣 5 分		成绩		

项目 ⬩**7**⬩

三相异步电动机制动控制
线路的安装与检修

【学习目标】

（1）理解制动的含义，知道制动的分类。
（2）掌握三相异步电动机常见制动电路的工作原理。
（3）学会三相异步电动机制动控制电路的安装接线、工艺要求和调试检修。
（4）养成安全操作、规范操作和文明生产的职业素养。

【项目描述】

当电动机断开电源以后，由于惯性的作用，电机不会马上停止转动，而是需要经过一定的时间才能慢慢停止。在实际生产中，有些设备则需要在断电后迅速停止转动。例如起重机的吊钩需要准确定位。

所谓制动：就是在电动机原电源断开后，给电动机一个与原转动方向相反的转矩使它能够迅速停转。制动的方法分为两类：机械制动和电气制动。

【知识链接】

一、机械制动

机械制动是利用机械摩擦力使电动机断开电源后迅速停转的方法。常用的机械制动有电磁抱闸和电磁离合器制动两种。

（一）电磁抱闸制动

1. 电磁抱闸制动的结构

电磁抱闸制动的结构如图 7-1 所示。它主要由制动电磁铁和闸瓦制动器两部分构成。

制动电磁铁由铁芯、衔铁和线圈三部分组成，有单向和三相之分。闸瓦制动器包括闸轮、闸瓦、杠杆和弹簧等。闸轮和电动机转轴连接在一起。根据工作需要的不同，电磁抱闸分为断电制动型和通电制动型两种。断电制动型的工作原理是：当制动器线圈得电时，闸瓦和闸轮分开，无制动作用；当线圈失电时，闸瓦紧紧抱住闸轮制动。通电制动型的工作原理是：当线圈得电时，闸瓦紧紧抱住闸轮制动；当线圈失电时，闸瓦和闸轮分开，无制动作用。电磁抱闸实物如图 7-2 所示。

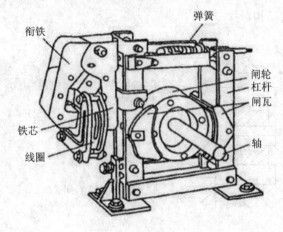

图 7-1　电磁抱闸结构

图 7-2　电磁抱闸实物

2. 电磁抱闸制动控制线路

图 7-3 为断电抱闸型制动器控制线路图。其线路工作原理是：合上电源开关 QS，按

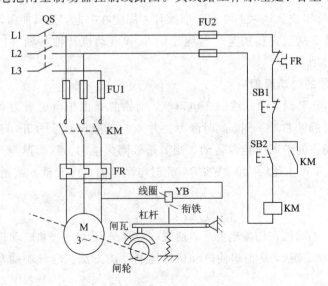

图 7-3　断电抱闸型制动器控制线路

下起动按钮 SB2，接触器 KM 线圈得电，使得 KM 常开触点闭合自锁，主触点闭合，电动机开始旋转，制动器线圈 YB 得电，使闸瓦和闸轮分开，无制动作用。需要停止时，按下停止按钮 SB1，接触器 KM 线圈失电，自锁触点断开，主触点断开。此时，电动机和制动器线圈均失电，制动器闸瓦和闸轮紧紧抱住，使电动机快速停止转动。

这种制动方法在起重机械上被广泛应用。它可以起到准确定位的作用，还可以防止意外断电所导致的重物自行坠落。

（二）电磁离合器制动

1. 电磁离合器的结构

电磁离合器制动的原理和电磁抱闸的制动原理类似。电动葫芦的绳轮常采用这种制动方法。图 7-4 为断电制动型电磁离合器的结构。

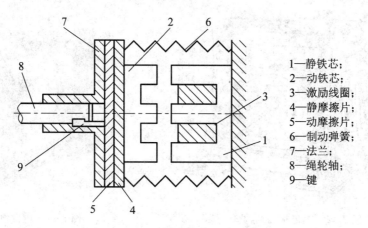

1—静铁芯；
2—动铁芯；
3—激励线圈；
4—静摩擦片；
5—动摩擦片；
6—制动弹簧；
7—法兰；
8—绳轮轴；
9—键

图 7-4　断电制动型电磁离合器结构

电磁离合器主要由制动电磁铁（静铁芯 1、动铁芯 2、激励线圈 3）、静摩擦片 4、动摩擦片 5、制动弹簧 6 等组成。动铁芯 2 和静摩擦片 4 固定在一起，且只能做轴向移动而不能绕轴转动。动摩擦片 5 通过连接法兰 7 与绳轮轴 8（和电动机转轴共轴）由键 9 固定在一起，可随电动机一起转动。

2. 电磁离合器的制动原理

当电动机通电运转时，激励线圈 3 也得电，动铁芯 2 由于电磁吸力克服制动弹簧 6 的反作用力而被吸向静铁芯 1 一侧，此时静摩擦片 4 与动摩擦片 5 分开，于是动摩擦片 5 连同绳轮轴 8 在电动机的带动下正常转动。当激励线圈失电时，制动弹簧 6 将静摩擦片紧紧贴在动摩擦片 5 上，产生足够大的摩擦力，此时电动机通过绳轮轴 8 被制动。

二、电气制动

电气制动是指电动机在切断电源后，通过一些措施产生一个和电动机实际转动方向相反的电磁力矩（制动力矩），从而迫使电动机迅速制动的方法。电气制动常用的方法有反接制动、能耗制动等。

（一）反接制动

反接制动是指通过改变电动机定子绕组的电源相序来产生制动力矩，从而迫使电动机迅速停转的方法。

在图 7-5(a)中，当 QS 向上合闸，此时电机定子绕组通入的电源相序为 L1 — L2 — L3，电机的旋转磁场将按图 7-5(b)中的顺时针方向旋转，转子也将沿着顺时针方向旋转，转速 $n < n_1$。当电动机需要停转时，首先断开向上合闸的 QS，并向下合闸，则此时电机定子绕组通入的电源相序为 L3 — L2 — L1。由于通入到电动机定子绕组中的两相电源相序发生改变，电动机的旋转磁场方向按图 7-5(b)中的逆时针方向旋转，但又由于电动机转子有惯性，故它将继续按原始的顺时针方向旋转。根据右手定则可以判断转子绕组将切割磁力线产生感应电流，如图 7-5(b)所示。转子中的电流在旋转磁场的作用下又将产生电磁转矩，其方向可由左手定则判断。根据左手定则可以判断出转子绕组上产生的电磁转矩方向与电动机转子惯性旋转方向相反，从而使得电动机受到制动并迅速停转。

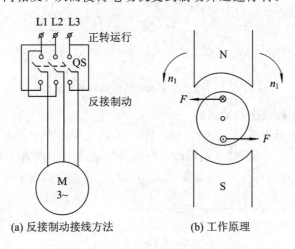

(a) 反接制动接线方法　　　(b) 工作原理

图 7-5　反接制动原理

需要注意的是，当电动机的转速接近于零时，应立即切断电动机电源，否则电动机将反转。在反接制动设施中，常利用速度继电器（又称反接制动继电器）来自动及时切断电源。

1. 电动机单向反接制动控制

电动机单向反接制动的控制电路如图 7-6 所示。在主电路中，KM1 作为正常正转工作用接触器。KM2 作为反接制动用接触器。电阻 R 为限流电阻，用来防止在反接制动过程中电流过大。KS 为速度继电器。起动电动机时，合上电源开关，按下起动按钮 SB1，KM1 线圈得电自锁，主触点闭合，电动机正常全压起动。当与电动机有机械连接的速度继电器 KS 转速超过其动作值 120 r/min 时，其常开触点闭合，为反接制动作准备。停止时，按下 SB2，SB2 的常闭触点先断开，KM1 线圈失电释放，KM1 主触点断开，切断电动机原三相交流电，电动机由于惯性继续高速旋转。当停止按钮 SB2 按到底，此时 KM2 接触器线圈得电自锁，KM2 主触点闭合，电动机定子绕组串入三相对称电阻，并接入反相序三相交流电源进行反接制动，电动机转速迅速下降。当转速下降至速度继电器 KS 释放转速即 100 r/min 时，KS 常开触点复位，断开 KM2 线圈电路，KM2 断电释放，主触点断开反接制动电源，反接制动结束，电动机自然停机。注意控制线路中 KM1、KM2 常闭触点的互锁作用。

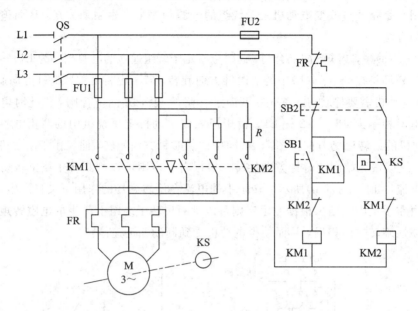

图 7-6　电动机单向反接制动的控制电路

2. 电动机可逆运行反接制动控制

图 7-6 为电动机单向反接制动的控制电路，但在实际生产中，很多设备的电动机在制动开始之前可能运行在正转状态，也可能运行在反转状态。下面将一起学习电动机可逆运行反接制动的控制原理。图 7-7 为电动机可逆运行反接制动的控制电路。

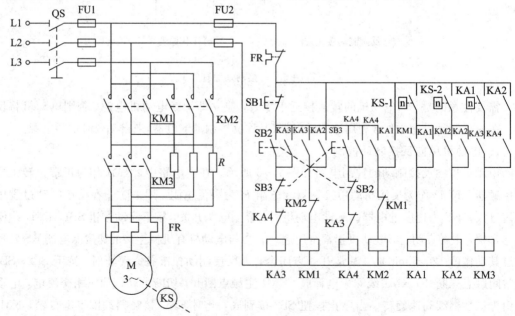

图 7-7　电动机可逆运行反接制动控制电路

正转起动反接制动过程：合上电源开关 QS，按下正转起动按钮 SB2，SB2 常闭触点断开实现按钮互锁，SB2 常开触点闭合，KA3 继电器线圈得电，KA3 常闭触点断开实现互锁，KA3 常开触点闭合，使接触器 KM1 线圈得电，KM1 主触点闭合使电动机定子绕组经电阻 R 接通正相序三相交流电源，电动机开始正转降压起动。当电动机转速上升到一定值时，速度继电器正转常开触点 KS-1 闭合，中间继电器 KA1 线圈得电并自锁。这是由于 KA1、KA3 的常开触点闭合，接触器 KM3 线圈通电。于是电阻 R 被短接，电动机加额定电压，转速上升到稳定工作转速。在电动机转速从零开始到速度继电器常开触点闭合期间，可采用串电阻降压起动。

在电动机正转状态下，需要停车时，按下停止按钮 SB1，则 KA3、KM1、KM3 线圈相继失电释放，但此时电动机转子仍以惯性高速旋转。由于 KS-1 继续维持闭合状态，中间继电器 KA1 仍处于吸合状态，所以在接触器 KM1 常闭触点复位后，接触器 KM2 线圈便得电吸合，其主触点闭合，使电动机定子绕组经电阻 R 获得反相序三相交流电源，对电动机进行反接制动，电动机转速迅速下降。当转速低于速度继电器释放值时，速度继电器常开触点 KS-1 复位，KA1 线圈断电，接触器 KM2 线圈断电释放，反接制动过程结束。

电动机的反向起动及反接制动控制是由起动按钮 SB3、中间继电器 KA2、KA4、接触器 KM2、KM3、停止按钮 SB1、速度继电器反向触点 KS-2 等电器来完成的。其起动过程、制动过程和上述类同，可自行分析。

该控制线路所用电器较多，线路也比较繁杂，但操作方便，运行安全可靠，是一种比较完善的控制线路。线路中的电阻 R 既能限制起动电流，又能限制反接制动电流。

反接制动的优点是：制动力强，制动迅速；缺点是：制动准确性差，制动过程中冲击强烈，易损坏传动零件，制动能量消耗大，不宜经常制动。因此反接制动一般适用于制动要求迅速、系统惯性较大且不经常起动和制动的场合，如铣床、镗床、中型车床等主轴的制动控制。

（二）能耗制动

能耗制动是指电动机切断交流电源后，立即在定子绕组的任意两相中通入直流电，建立静止的磁场，迫使电动机迅速停转的方法。

在图 7-8 中，制动时虽然切断了 QS1 三相交流电源，但电动机转子仍沿原方向惯性运转。随后，立即合上直流电源开关 QS2，并将 QS1 向下合闸，使电动机 V、W 两相绕组中通入直流电源，使电动机定子产生一个恒定的静止磁场，这样惯性运转的转子因切割磁力线而在转子绕组中产生感应电流，其方向用右手定则判断出上面为⊗，下面为⊙。转子绕组中一旦产生了感应电流，又立即受到静止磁场的作用产生电磁转矩，用左手定则判断出此转矩的方向正好和电动机的原转向相反，于是电动机受制动迅速停转。由于这种制动方法是在定子绕组中通入直流电以消耗转子惯性运转的动能来进行制动的，所以称为能耗制动。

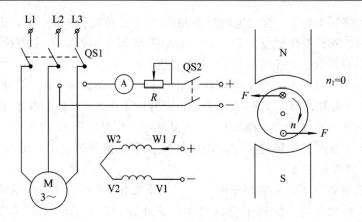

图 7-8　能耗制动原理

1. 无变压器单管半波整流能耗制动控制

在图 7-9 中，该线路采用单只二极管半波整流作为直流电源，所用附加设备较少，线路简单，成本低，对于 10 kW 以下的电动机，在制动要求不高时，可采用无变压器单管半波整流能耗制动。

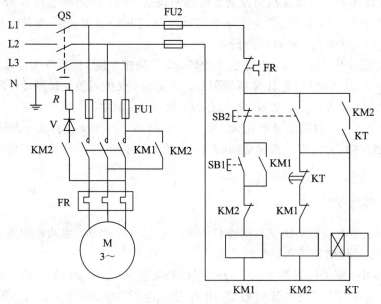

图 7-9　无变压器单管能耗制动控制电路

图 7-9 的工作过程是：合上电源开关 QS，按下起动按钮 SB1，KM1 接触器线圈得电，常闭触点断开互锁，KM1 触点闭合自锁，主触点闭合电动机得电运转。制动时，按下停止按钮 SB2，切断 KM1 线圈回路，KM1 触点恢复，电动机失电惯性旋转。同时将 SB2 按到底，使 KM2、KT 线圈得电（KT 开始计时），KM2 常闭触点断开互锁，KM2 和 KT 的常开触点闭合实现自锁，KM2 两个主触点闭合。这时，因为在二极管 V 的作用下，在电动机的两相定子绕组中通入了直流电，故而产生限制电机旋转的电磁转矩。

2. 有变压器全波整流能耗制动控制

在图 7-10 中，直流电源由单相全控桥式整流器 VC 供给，TC 是整流变压器，电阻 R

用来调节直流电流,从而调节制动强度。对于 10 kW 以上容量较大的电动机,多采用有变压器全波整流能耗制动控制。

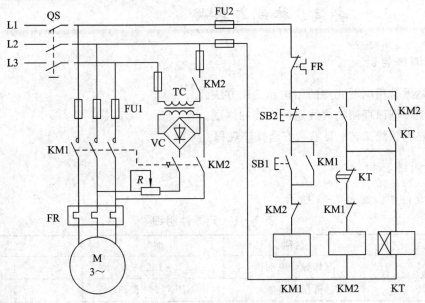

图 7-10   有变压器全波整流能耗制动控制电路

图 7-10 与图 7-9 的控制电路相同,工作原理也相同,读者可以自行分析。

能耗制动的优点是制动准确、平稳,且能量消耗较小;缺点是需附加直流电源装置,设备费用较高,制动力较弱,在低速时制动力矩小。因此能耗制动一般用于制动准确、平稳的场合,例如磨床、立式铣床等的控制。

能耗制动时产生的制动力矩的大小,与通入定子绕组中的直流电流、电动机的转速及转子电路中的电阻有关。电流越大,产生的静止磁场就越强,转速就越高,转子切割磁力线的速度就越大,产生的制动力矩就越大。

➡ 提升练习

一、简答题

1. 何为制动?常见的制动方法有哪些?

2. 机械制动和电气制动的制动原理有何区别?

3. 为什么反接制动过程冲击强烈?

4. 试分析能耗制动的原理。

5. 能耗制动电路中的电阻 R 有什么作用?

二、分析题

1. 分析图 7-6 中电路各触点的作用。

2. 分析图 7-7 中电路各触点的作用。

3. 若将图 7-6 中速度继电器 KS 触点接成另一对常开触点,会产生什么后果?为什么?

4. 在反接制动控制电路中,若制动效果差,是何原因?如何调整?

5. 分析图 7-10 中制动电路的工作原理。

【技能训练】 无变压器单管半波整流能耗制动控制线路的安装、接线与检修

一、训练目的

（1）熟悉常用电器元件的结构和使用方法。
（2）能根据原理图完成线路的安装和调试。
（3）熟悉接线工艺、要求和安全操作规程。

二、训练器材

电器元件明细如表 7-1 所示。

表 7-1 元器件明细

代号	名称	型号	数量
M	三相异步电动机	Y-132S-4	1
QS	低压断路器	NBE7LE-63 3P	1
FU1	熔断器	RL1-60/25	3
FU2	熔断器	RL1-15/2	2
KM	接触器	CJ10-20	2
FR	热继电器	JR16-20/3	1
SB	按钮盒	LA4-3H	1
XT	端子排	JX2-1015	1
V	整流二极管		1
R	限流电阻		1

三、训练内容及要求

1. 器件安装

根据布置图（见图 7-11）在控制板上安装电器元件。

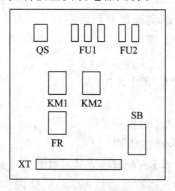

图 7-11 无变压器单管半波整流能耗制动控制线路布置图

2. 配线安装

根据无变压器单管半波整流能耗制动的控制线路原理图(见图 7-12)完成线路的连接。

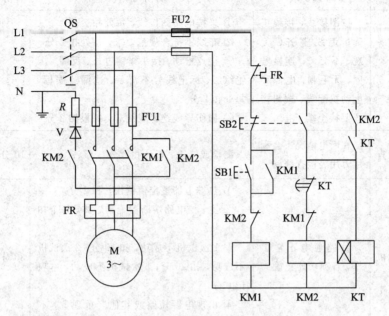

图 7-12   无变压器单管半波整流能耗制动的控制电路

3. 线路检测

(1) 检查控制电路,用万用表表笔分别搭接控制电路电源两端,这时万用表读数应为无穷大;按下 SB2 或 SB3 时读数应为接触器线圈的直流电阻值。

(2) 检查主电路,对手动代替受电线圈吸合时的情况进行检查。

4. 通电试机

合上开关 QS,根据工作原理分析控制和制动的动作次序。

四、考核评价

本项目的考核内容及评分要求,如表 7-2 所示。

表 7-2   考核评价表

序号	项目内容	考核要求	评分细则	配分	扣分	得分
1	器件检查	正确选择元器件和电动机,并对元器件进行检测	① 元器件选择不正确,每个扣 2 分 ② 元器件漏检或错检,每个扣 2 分 ③ 电动机漏检或错检,每处扣 2 分	10 分		
2	器件安装	根据图纸要求,正确利用电工工具安装元器件	① 器件安装不牢固,安装时漏装固定螺丝,每只扣 2 分 ② 器件安装不整齐、不合理,每处扣 2 分 ③ 器件损坏,每只扣 5 分	15 分		

序号	项目内容	考核要求	评分细则	配分	扣分	得分
3	布线	按图接线，接线正确；走线整齐、美观、不交叉；连接紧固、无毛刺；电源和电动机配线、按钮接线要接至端子排	① 未按电路图接线，每处扣2分 ② 布线不符合规范要求，每处扣2分 ③ 接点松动、接头露铜过长、反圈、压绝缘层、标记线号不清楚、遗漏或误标，每处扣2分 ④ 损伤导线绝缘或线芯，每根扣2分	25分		
4	线路检查	在断电情况下会利用万用表检查线路	漏检或错检，每处扣2分	10分		
5	通电试机	线路通电正常工作，各项功能正确	① 热继电器整定值错误，扣3分 ② 主、控电路熔断器配错熔体，每个扣3分 ③ 1次试机不成功，扣10分；2次试机不成功，扣20分；3次试机不成功，本项记0分 ④ 出现电源短路或其他严重现象，本项记0分	30分		
6	安全操作	安全文明规范操作	① 未穿戴防护用品，扣3分 ② 调试检修前未清点工具、仪器、耗材，扣2分 ③ 未经验电笔测试前，用手触摸接线端，扣5分 ④ 随意摆放工具、耗材和杂物，完成后不清理工位，扣2~5分 ⑤ 违规操作，扣5~10分	10分		
	定额时间 180 min	每超过5 min(包括5 min以内)扣5分		成绩		

项目 8

多速电动机控制线路的安装与检修

【学习目标】

(1) 理解三相异步电动机调速的方法及适用场合。

(2) 掌握三相异步电动机双速电动机调速的工作原理。

(3) 学会双速电动机控制电路的安装接线、工艺要求和调试检修。

(4) 养成安全操作、规范操作和文明生产的职业素养。

【项目描述】

在实际生产中，不光要实现电动机起动控制、制动控制，还要实现过程中的调速控制，以满足不同的生产要求。

由三相异步电动机的转速公式 $n=60f_1(1-s)/p$ 可知，改变三相异步电动机转速可以通过三种方法来实现：一是改变电源频率 f_1；二是改变转差率 s；三是改变磁极对数 p。变磁极对数调速适用于笼型异步电动机；变转差率调速可以通过调节定子电压、改变转子电路中的电阻以及采用串级调速来实现；变频调速是基于电力电子器件的大力发展而出现的，是现代电路传动的一个主要发展方向。

改变异步电动机的磁极对数的调速称为变极调速。因磁极对数可以是 1、2、3 等正整数，所以对应的转速之间是不连贯的、跳跃的，所以它是有级调速，且只适合于鼠笼式异步电动机。凡磁极对数可改变的电动机称为多速电动机。常见的多速电动机有双速、三速、四速等几种类型。变极调速是通过改变定子绕组的连接方式来实现的。本项目主要介绍三相笼型异步电动机通过改变磁极对数 p 来实现调速的双速基本控制线路。

【知识链接】

一、双速异步电动机控制线路

1. 双速异步电动机定子绕组的连接

双速电动机定子绕组装有一套绕组,而三速、四速电动机则为两套绕组。图 8-1 为双速电动机三相绕组连接图,其中图 8-1(a)为 △/YY 连接(△连接为四级,低速;YY 连接为二级,高速);图 8-1(b)为 Y/YY 连接(Y 连接为四级,低速;YY 连接为二级,高速)。

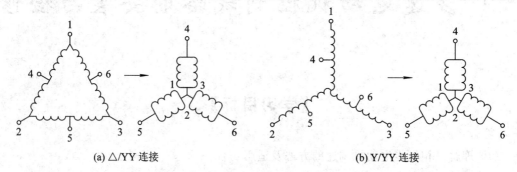

(a) △/YY 连接 (b) Y/YY 连接

图 8-1 双速电动机三相绕组连接图

图 8-2 中,三相定子绕组接成三角形,由三个连接点接出三个出线端 U1、V1、W1,从每相绕组的中点各接出一个出线端 U2、V2、W2,这样定子绕组共有 6 个出线端,通过改变这 6 个出线端与电源的连接方式,就可以得到两种不同的转速。要使电动机低速工作就把三相电源分别接至定子绕组出线端 U1、V1、W1 上,另外三个出线端 U2、V2、W2 空

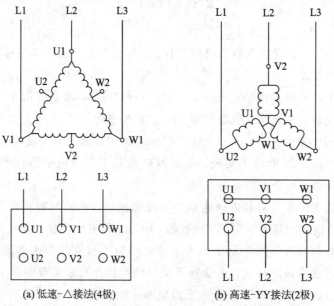

(a) 低速-△接法(4极) (b) 高速-YY接法(2极)

图 8-2 双速电动机三相定子绕组△/YY 接线图

着不接，如图 8-2(a)所示。此时电动机定子绕组接成△，假设磁极为 4 极，则同步转速为 1500 r/min。若要使电动机高速工作，就把三个出线端 U1、V1、W1 接在一起，另外三个出线端 U2、V2、W2 分别接到三相电源上，如图 8-2(b)所示。这时电动机定子绕组接成 YY，假设磁极为 2 极，则同步转速为 3000 r/min。可见双速电动机在高速运转时的转速是低速运转转速的两倍。

2. 按钮转换的双速电动机控制线路

图 8-3 为用按钮转换的双速电动机的控制线路。其中 SB1、KM1 控制电动机的低速运转；SB2、KM2、KM3 控制电动机的高速运转。

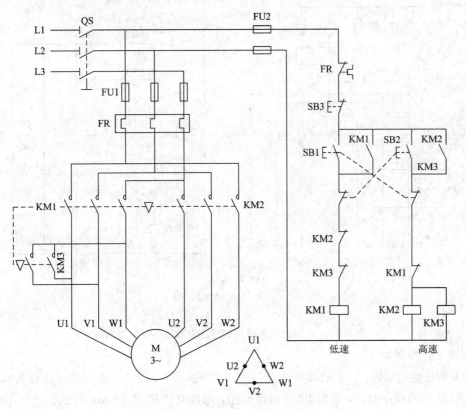

图 8-3　按钮转换的双速电动机控制的线路

线路工作原理如下：

(1) 低速起动运转：合上电源开关 QS，按下低速起动按钮 SB1，其常闭触点断开，切断 KM2、KM3 线圈回路，起到机械互锁的作用。SB1 按到底，常开触点闭合，KM1 线圈得电，KM1 常闭触点断开，起到电气互锁的作用。KM1 常开触点闭合自锁，KM1 主触点闭合，双速电动机定子绕组 U1、V1、W1 三端通入三相交流电，形成△接法，电动机低速起动并运行。

(2) 高速起动运转：合上电源开关 QS，按下高速起动按钮 SB2，其常闭触点断开，切断 KM1 线圈回路，KM1 线圈失电，其触点恢复。SB2 按到底，常开触点闭合，KM2、KM3 线圈得电，KM2、KM3 常闭触点断开，起到电气互锁的作用。KM2、KM3 常开触点闭合自锁，KM2 主触点闭合，双速电动机定子绕组 U2、V2、W2 三端通入三相交流电，同时

KM3 主触点闭合，使得定子绕组 U2、V2、W2 端短接，于是形成 YY 接法，电动机高速起动并运行。

3. 时间继电器转换的双速电动机控制线路

图 8-4 为时间继电器转换的双速电动机的控制线路，其中 SA 是具有三个接点位置的转换开关；接触器 KM1 控制电动机低速运转；KM2、KM3 控制电动机高速运转。

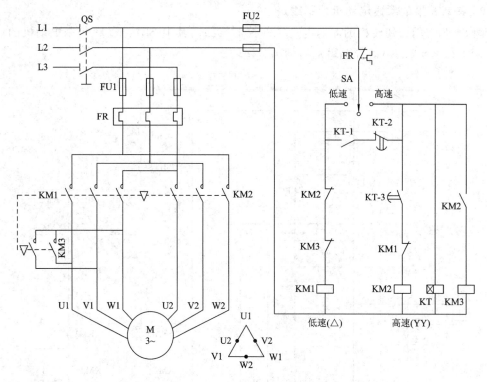

图 8-4　时间继电器转换的双速电动机的控制线路

线路工作原理如下：

（1）低速起动运转：合上电源开关 QS，将 SA 转换开关扳到"低速"位置，这时 KM1 线圈得电，KM1 常闭触点断开，切断 KM2 线圈回路，起到互锁作用。KM1 主触点闭合，双速电动机定子绕组 U1、V1、W1 三端通入三相交流电，于是形成△接法，电动机低速起动并运行。

（2）高速起动运转：合上电源开关 QS，将 SA 转换开关扳到"高速"位置。这时时间继电器 KT 线圈得电，其常开触点 KT-1 瞬时闭合，使得 KM1 线圈得电，双速电动机定子绕组 U1、V1、W1 三端通入三相交流电，于是形成△接法，电动机低速起动并开始计时。经过一定时间后，时间继电器 KT-2 延时断开，KM1 线圈失电，切断低速电路。同时时间继电器 KT-3 延时闭合，KM2 线圈得电，KM2 常闭触点断开实现互锁。KM2 常开触点闭合，KM3 线圈得电，常闭触点断开，再次实现互锁。KM2 主触点闭合，双速电动机定子绕组 U2、V2、W2 三端通入三相交流电，同时 KM3 主触点闭合，使得定子绕组 U2、V2、W2 端短接，于是形成 YY 接法，电动机高速起动并运行。

停止时，将转换开关 SA 扳到"停止"位置即可。

二、三速异步电动机控制线路

1. 三相异步电动机定子绕组的连接

三速异步电动机与双速异步电动机相比，结构复杂一些，它的定子绕组有两套，如图 8 - 5 所示，分两层放置在定子槽内。第一套绕组可以实现双速，有 7 个接线端，分别为 U1、V1、W1、U3、U2、V2、W2，可以完成"△"连接和"YY"连接。第二套绕组可以实现第三速，有三个接线端，分别为 U4、V4、W4，只能完成"Y"连接。当使用不同绕组的连接方式时，电动机就可以实现三种不同的运转速度，如图 8 - 6 所示。低速时，将 U3 - W1 端短接，然后在 U1、V1、W1 单端通入三相交流电，U2、V2、W2 空置，此时定子绕组为△连接。如图 8 - 7 所示，中速时，在 U4、V4、W4 三端通入三相交流电，此时定子绕组为 Y 连接。如图 8 - 8 所示，高速时，将三速异步电动机定子绕组 U1、V1、W1、U3 短接，然后在 U2、V2、W2 三端通入三相交流电，此时定子绕组为 YY 连接。具体接线方式如表 8 - 1 所示。

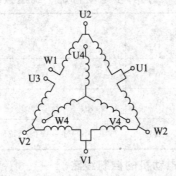

图 8 - 5 三速异步电动机定子绕组

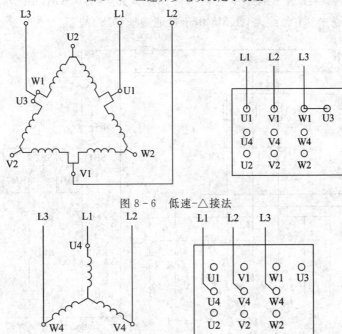

图 8 - 6 低速 - △接法

图 8 - 7 中速 - Y 接法

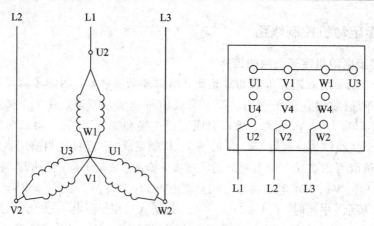

图 8-8 高速-YY 接法

表 8-1 三速异步电动机定子绕组接线方式

转速	电源接线			并头	连接方式	绕组
	L1	L2	L3			
低速	U1	V1	W1	U3 - W1	△	第一套
中速	U4	V4	W4	—	Y	第二套
高速	U2	V2	W2	U1 - V1 - W1 - U3	YY	第一套

2. 接触器控制的三速异步电动机的控制线路

图 8-9 为接触器控制三速异步电动机的控制线路,其中 KM1 用于接通低速(△)线路,KM2 用于接通中速(Y)线路,KM3 用于接通高速(YY)线路。

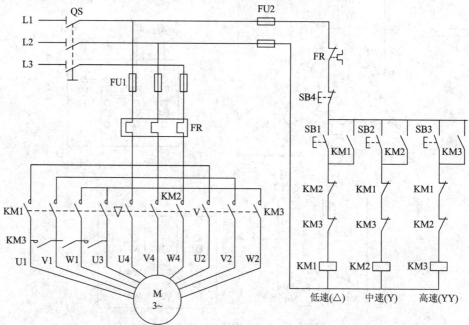

图 8-9 接触器控制三速异步电动机的控制线路

线路工作原理如下：

(1) 低速起动运转：合上电源开关 QS，按下 SB1，KM1 线圈得电，KM1 常闭断开 KM2、KM3 线圈回路，起到互锁的作用。KM1 常开触点闭合，自锁。KM1 主触点及另一小常开触点闭合，使得 U3 及 W1 短接，接成△(见表 8-1)，通入三相交流电，低速起动。

(2) 低速转为中速运转：合上电源开关 QS，按下 SB4 停止按钮，KM1 线圈回路失电，触点复位，切断低速电路电源。按下 SB2，KM2 线圈得电，KM2 常闭断开 KM1、KM3 线圈回路，起到互锁的作用。KM2 常开触点闭合，自锁。KM1 主触点闭合，U4、V4、W4 接通三相交流电，第二套绕组接成 Y 型，电动机中速运转。

(3) 中速转为高速运转：合上电源开关 QS，按下 SB4 停止按钮，KM2 线圈回路失电，触点复位，切断中速电路电源。按下 SB3，KM3 线圈得电，KM3 常闭断开 KM1、KM2 线圈回路，起到互锁的作用。KM3 常开触点闭合，自锁。KM3 另外的辅助常开(也可使用与 KM3 线圈并联的其他接触器或者继电器的辅助常开触点)闭合将 U1、V1 、W1 短接于一起，主触点闭合通入三相交流电，绕组接成 YY 型，电动机高速运转。

该线路在切换过程中，需要操作停止按钮才能切换，因此使用操作不方便。

3. 时间继电器自动控制的三速异步电动机的控制线路

图 8-10 为时间继电器自动控制三速异步电动机的控制线路。该线路采用时间继电器控制，实现了从低速—中速—高速的自动切换。

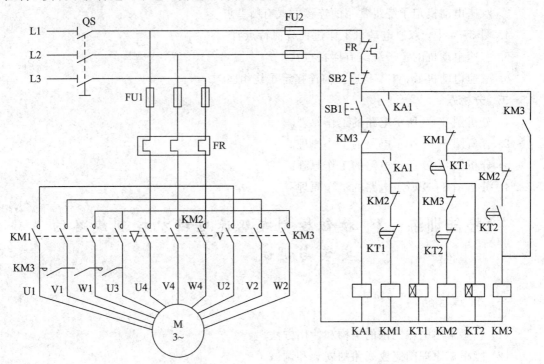

图 8-10　时间继电器自动控制的三速异步电动机的控制线路

线路工作原理如下：

(1) 低速起动运转：合上电源开关 QS，按下起动按钮 SB1，KA1 线圈得电，常开触点闭合，KM1 及 KT1 线圈得电，KM1 常闭触点断开。断开 KM2、KM3 线圈回路，KM1 主触点闭合，电动机接成△，通入三相交流电，低速起动，同时时间继电器 KT1 开始计时。

（2）低速转为中速运转：合上电源开关 QS，当 KT1 计时结束，KT1 触点延时断开，切断 KM1 线圈回路，KM1 触点复位，低速结束。同时 KT1 触点延时闭合，KM2 及 KT2 线圈得电，KM2 常闭触点断开，断开 KM1、KM3 线圈回路，KM2 主触点闭合。电动机接成 Y，通入三相交流，切换至中速运转，同时时间继电器 KT2 开始计时。

（3）中速转为高速运转：合上电源开关 QS，当 KT2 计时结束，KT2 触点延时断开，切断 KM2 线圈回路，KM2 触点复位，中速结束。同时 KT2 触点延时闭合，KM3 线圈得电，KM3 常闭触点断开。断开 KM1、KM2、KA1 线圈回路，KM3 常开触点闭合自锁。KM3 主触点及辅助常开触点闭合，电动机接成 YY 型，通入三相交流电，切换至高速运转。

提 升 练 习

一、简答题

1. 三相异步电动机的调速方法有哪些？各适用什么电动机？
2. 请画出双速电动机的定子绕组。
3. 双速电动机定子绕组常用的连接方式有哪些？
4. 图 8-4 中，双速电动机工作过程有何特点？
5. 三速电动机的定子绕组有何特点？
6. 三速电动机低、中、高速如何连接定子绕组？

二、分析题

1. 分析图 8-3 所示电路的工作原理。
2. 分析图 8-4 所示电路的工作原理。
3. 分析图 8-9 所示电路的工作原理。
4. 分析图 8-9 所示电路的工作原理。

【技能训练一】 按钮控制式双速电动机控制线路的安装与调试

一、训练目的

（1）熟悉常用电器元件的结构和使用方法。
（2）能根据原理图完成线路的安装和调试。
（3）熟悉接线工艺、要求和安全操作规程。

二、训练器材

本训练所用的电器元件明细如表 8-2 所示。

表 8-2　元器件明细

代号	名称	型号	数量
M	三相双速异步电动机	YD112M-4/2	1
QS	低压断路器	NBE7LE-63 3P	1
FU1	熔断器	RL1-60/25	3
FU2	熔断器	RL1-15/2	2
KM	接触器	CJ10-20	3
FR	热继电器	JR16-20/3	1
SB	按钮	LA4-3H	1
XT	端子排	JX2-1015	1

三、训练内容及要求

1. 器件安装

根据元器件布置图(见图 8-11)在控制板上安装电器元件。

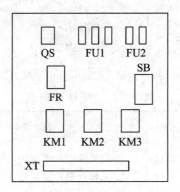

图 8-11　元器件布置图

2. 配线安装

根据按钮控制式双速异步电动机的控制线路电路原理图(见图 8-12)完成线路的连接。

3. 线路检测

(1) 检查控制电路,用万用表表笔分别搭载控制电路电源两端,这时万用表读数应为无穷大;按下 SB2 或 SB3 时读数应为接触器线圈的直流电阻值。

(2) 检查主电路,对手动代替受电线圈吸合时的情况进行检查。

4. 通电试机

合上开关 QS,根据工作原理分析低速控制、高速控制的动作次序。

四、考核评价

本项目的考核内容及评分要求,如表 8-3 所示。

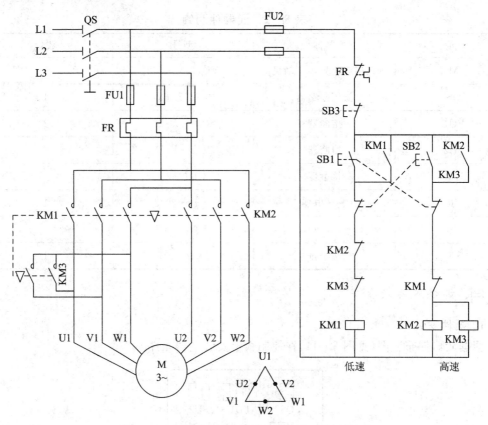

图 8-12 按钮控制式双速异步电动机的控制线路

表 8-3 考核评价表

序号	项目内容	考核要求	评分细则	配分	扣分	得分
1	器件检查	正确选择元器件和电动机，并对元器件进行检测	① 元器件选择不正确，每个扣2分 ② 元器件漏检或错检，每个扣2分 ③ 电动机漏检或错检，每处扣2分	10分		
2	器件安装	根据图纸要求，正确利用电工工具安装元器件	① 器件安装不牢固，安装时漏装固定螺丝，每只扣2分 ② 器件安装不整齐、不合理，每处扣2分 ③ 器件损坏，每只扣5分	15分		
3	布线	按图接线，接线正确；走线整齐、美观、不交叉；连接紧固、无毛刺；电源和电动机配线、按钮接线要接至端子排	① 未按电路图接线，每处扣2分 ② 布线不符合规范要求，每处扣2分 ③ 接点松动、接头露铜过长、反圈、压绝缘层、标记线号不清楚、遗漏或误标，每处扣2分 ④ 损伤导线绝缘或线芯，每根扣2分	25分		

续表

序号	项目内容	考核要求	评分细则	配分	扣分	得分
4	线路检查	在断电情况下会利用万用表检查线路	漏检或错检，每处扣 2 分	10 分		
5	通电试机	线路通电正常工作，各项功能正确	① 热继电器整定值错误，扣 3 分 ② 主、控电路熔断器配错熔体，每个扣 3 分 ③ 1 次试机不成功，扣 10 分；2 次试机不成功，扣 20 分；3 次试机不成功，本项记 0 分 ④ 出现电源短路或其他严重现象，本项记 0 分	30 分		
6	安全操作	安全文明规范操作	① 未穿戴防护用品，扣 3 分 ② 调试检修前未清点工具、仪器、耗材，扣 2 分 ③ 未经验电笔测试前，用手触摸接线端，扣 5 分 ④ 随意摆放工具、耗材和杂物，完成后不清理工位，扣 2～5 分 ⑤ 违规操作，扣 5～10 分	10 分		
定额时间 150 min		每超过 5 min(包括 5 min 以内)，扣 5 分		成绩		

【技能训练二】　接触器控制的三速电动机控制线路的安装与调试

一、训练目的

(1) 熟悉常用电器元件的结构和使用方法。

(2) 能根据原理图完成线路的安装和调试。

(3) 熟悉接线工艺、要求和安全操作规程。

二、训练器材

电器元件明细如表 8-4 所示。

表 8 - 4 元器件明细

代号	名称	型号	数量
M	三相双速异步电动机	YD160M - 8/6/4	1
QS	低压断路器	NBE7LE - 63 3P	1
FU1	熔断器	RL1 - 60/25	3
FU2	熔断器	RL1 - 15/2	2
KM	接触器	CJ10 - 20	3
FR	热继电器	JR16 - 20/3	1
SB	按钮	LA4 - 3H	2
XT	端子排	JX2 - 1015	1

三、训练内容及要求

1. 器件安装

根据元器件布置图(见图 8 - 13)在控制板上安装电器元件。

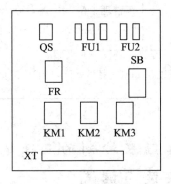

图 8 - 13 元器件布置图

2. 配线安装

根据接触器控制的三速异步电动机的控制线路电路原理图(见图 8 - 14)完成线路的连接。

3. 线路检测

(1)检查控制电路,用万用表表笔分别搭载控制电路电源两端,这时万用表读数应为无穷大;按下 SB2 或 SB3 时读数应为接触器线圈的直流电阻值。

(2)检查主电路,对手动代替受电线圈吸合时的情况进行检查。

4. 通电试机

合上开关 QS,根据工作原理分析低速控制、中速控制、高速控制的动作次序。

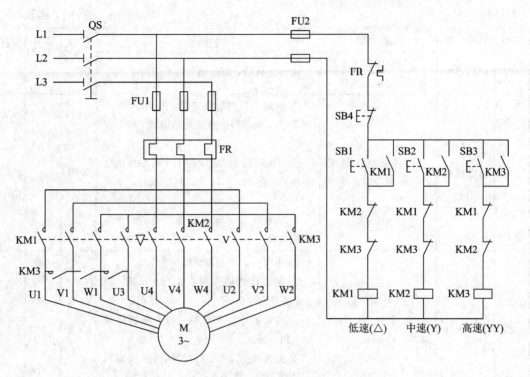

图 8-14　接触器控制的三速异步电动机的控制线路

四、考核评价

本项目的考核内容及评分要求，如表 8-5 所示。

表 8-5　考核评价表

序号	项目内容	考核要求	评分细则	配分	扣分	得分
1	器件检查	正确选择元器件和电动机，并对元器件进行检测	① 元器件选择不正确，每个扣 2 分 ② 元器件漏检或错检，每个扣 2 分 ③ 电动机漏检或错检，每处扣 2 分	10 分		
2	器件安装	根据图纸要求，正确利用电工工具安装元器件	① 器件安装不牢固，安装时漏装固定螺丝，每只扣 2 分 ② 器件安装不整齐、不合理，每处扣 2 分 ③ 器件损坏，每只扣 5 分	15 分		
3	布线	按图接线，接线正确；走线整齐、美观、不交叉；连接紧固、无毛刺；电源和电动机配线、按钮接线要接至端子排	① 未按电路图接线，每处扣 2 分 ② 布线不符合规范要求，每处扣 2 分 ③ 接点松动、接头露铜过长、反圈、压绝缘层、标记线号不清楚、遗漏或误标，每处扣 2 分 ④ 损伤导线绝缘或线芯，每根扣 2 分	25 分		

序号	项目内容	考核要求	评分细则	配分	扣分	得分
4	线路检查	在断电情况下会利用万用表检查线路	漏检或错检，每处扣 2 分	10 分		
5	通电试机	线路通电正常工作，各项功能正确	① 热继电器整定值错误，扣 3 分 ② 主、控电路熔断器配错熔体，每个扣 3 分 ③ 1 次试机不成功，扣 10 分；2 次试机不成功，扣 20 分；3 次试机不成功，本项记 0 分 ④ 出现电源短路或其他严重现象，本项记 0 分	30 分		
6	安全操作	安全文明规范操作	① 未穿戴防护用品，扣 3 分 ② 调试检修前未清点工具、仪器、耗材，扣 2 分 ③ 未经验电笔测试前，用手触摸接线端，扣 5 分 ④ 随意摆放工具、耗材和杂物，完成后不清理工位，扣 2～5 分 ⑤ 违规操作，扣 5～10 分	10 分		
定额时间 180 min		每超过 5 min（包括 5 min 以内），扣 5 分		成绩		

项目 ◆ 9

CA6140 型卧式车床电气控制
线路的检修

【学习目标】

（1）了解 CA6140 型车床的主要结构、运动形式和控制要求。

（2）掌握机床电气控制线路的分析方法，理解 CA6140 型车床电气控制线路的工作原理。

（3）掌握 CA6140 型车床电气控制线路的故障分析与检修方法。

（4）养成安全操作、规范操作和文明生产的职业素养。

【项目描述】

正确识读 CA6140 型车床电气控制原理图，并理解其工作原理，在 CA6140 型车床电气控制柜中，排除电气故障，填写检修报告。

【知识链接】

一、电气控制线路分析基础

1. 电气控制线路分析的内容

电气控制线路是电气控制系统各种技术资料的核心文件。分析的具体内容主要包括以下几个方面：

（1）设备说明书。

（2）电气控制原理图。

（3）电气设备总装接线图。

（4）电气元件布置图与接线图。

2．电气原理图阅读分析的方法与步骤

在仔细阅读了设备说明书，了解了电气控制系统的总体结构、电动机和电器元件的分布状况及控制要求等内容之后，便可以阅读、分析电气原理图了。

1）分析主电路

从主电路入手，根据每台电动机、电磁阀等执行电器的控制要求去分析它们的控制内容。控制内容包括起动、方向控制、调速和制动等。

2）分析控制电路

根据主电路中各电动机和电磁阀等执行电器的控制要求，逐一找出控制电路中的控制环节。利用前面学过的基本知识，按功能将控制电路划分成若干个局部控制电路来进行分析。分析控制电路的最基本方法是查线读图法。

3）分析辅助电路

辅助电路包括电源显示、工作状态显示、照明和故障报警等部分，它们大多由控制电路中的元件来控制，所以在分析时，还要回过头来对照控制电路。

4）分析联锁与保护环节

机床对于安全性和可靠性有很高的要求，要实现这些要求，除了合理地选择拖动和控制方案以外，在控制线路中还设置了一系列必要的电气保护和电气联锁措施。

5）总体检查

经过"化整为零"，在逐步分析了每一个局部电路的工作原理以及各部分之间的控制关系之后，还必须用"集零为整"的方法，检查整个控制线路，看是否有遗漏。特别要从整体角度进一步检查和理解各控制环节之间的联系，理解电路中每个元件所起的作用。

二、机床电气故障的检修步骤与方法

机床电气控制系统的故障错综复杂，并非千篇一律，即使是同一故障现象，发生的部位也会不同，而且其故障原因往往和机械、液压系统交织在一起，难以区分。因此，作为一名维修人员，应积极实践，认真总结经验，掌握正确的诊断方法和步骤，做到迅速而准确地排除故障。机床电气线路发生故障后的一般检查方法和步骤如下：

1．学习机床电气控制系统维修图

机床电气系统维修图包括机床电气原理图、电器柜内电器布置图、机床电气布线图及机床电器位置图。通过学习机床电气系统维修图，做到掌握机床电气系统原理的构成和特点，熟悉电路的动作要求和顺序、各个控制环节的电气过程，了解各种电气元件的技术性能。对于一些较复杂的机床，还应了解一些液压系统的基本知识，掌握机床的液压原理。

实践证明，学习并掌握一些机床机械和液压系统知识，不但有助于分析机床故障原因，而且有助于迅速、灵活、准确地判断、分析和排除故障。在检查机床电气故障时首先应对照机床电气系统维修图进行分析，再设想或拟定出检查步骤、方法和路线，做到有的放矢、有步骤地逐步深入进行。

2. 详细了解电气故障产生的经过

机床发生故障后，维修人员首先必须向机床操作者详细了解故障发生前机床的工作情况和故障现象(例如响声、冒烟、火化等)，询问故障前有哪些征兆，这对故障的处理极为有利。

3. 分析故障情况并确定故障的可能范围

知道了故障产生的经过后，对照原理图进行故障情况分析。虽然机床线路看起来似乎很复杂，但是可把它拆成若干个控制环节进行分析，缩小故障范围，这样就能迅速地找出故障的确切部位。另外，还应查询机床的维修保养、线路更改等记录，这对分析故障和确定故障部位很有帮助。

4. 进行故障部位的外观检查

故障的大概范围确定后，应对有关电气元件进行外观检查。检查方法如下：

(1)闻。在过电流、过电压情况发生时，由于保护器件的失灵，造成电动机、电气元件长时间过载运行，使电动机绕组或电磁线圈发热眼中绝缘损坏，发出臭味、焦味。所以，闻到焦味就能随之找到故障部位。

(2)看。有些故障发生后，故障元件有明显的外观变化，各种信号的故障也会显示，例如带指示装置的熔断器、空气熔断器或热继电器脱扣、接线或焊点松动脱落、触点烧毛或熔焊、线圈烧毁等。看到故障元件的外观就能着手排除故障。

(3)听。电气元件正常运行和故障运行时发出的声音有明显差异，根据它们工作时发出的声音有无异常，就能找出具体故障元件。

(4)摸。电动机、变压器、电磁线圈、熔断器等发生故障时，温度会明显升高，用手摸一下通过发热情况也可找到故障所在。

5. 试验机床的动作顺序和完成情况

当在外部检查过程中没有发现故障点，或对故障还需要进一步了解时，可采用试验方法对电气控制的动作顺序和完成情况进行检查。应先对可能发生故障的部位的控制环节进行试验，以缩短维修时间。此时可只操作某一按钮或开关，观察线路中各继电器、接触器、行程开关的动作是否符合规定，是否能完成整个循环过程。例如动作顺序不对或中断，则说明此电器与故障有关，再进一步检查，即可发现故障所在。但是在采用试验方法检查时，必须特别注意设备和人身安全，尽可能断开主回路电源，只在控制回路部分进行，不能随意触动带电部分，以免故障扩大和造成设备损坏。另外，要预先估计部分电路工作后可能发生的不良影响或后果。

6. 用仪表测量、查找故障元件

用仪表测量电气元件是否通路，线路是否有开路，电压、电流是否正常，这也是检查故障的有效措施之一。常用的电工仪表有万用表、绝缘电阻表、钳形电流表、电桥等。

(1)测量电压：对电动机、各种电磁线圈、有关控制电路的并联分支电路两端的电压进行测量，如果发现电压与规定不符，则可能是发生故障的部位。

(2)测量电阻或通路：先将电源切断，用万用表的电阻挡测量线路是否为通路，查明触点的接触情况、元件的电阻值等。

（3）测量电流：测量电动机三相电流、有关电路中的工作电流。

（4）测量绝缘电阻：测量电动机绕组、电气元件、线路的对地绝缘电阻及相间绝缘电阻。

三、车床的主要结构及运动形式

车床是一种应用极为广泛的金属切削机床，主要用来车削外圆、内圆、端面、螺纹和定型表面，并可通过尾架进行钻孔、铰孔、螺纹等的加工。

1. 车床的主要结构

CA6140 型普通车床的结构如图 9-1 所示，主要由床身、主轴变速箱、进给箱、溜板箱、刀架、尾架、丝杆和光杆等部分组成。

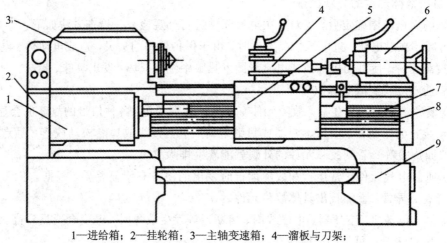

1—进给箱；2—挂轮箱；3—主轴变速箱；4—溜板与刀架；
5—溜板箱；6—尾架；7—光杆；8—丝杆；9—床身

图 9-1　CA6140 型普通车床结构

2. 车床的运动形式

车床有三种运动形式：主运动、进给运动和辅助运动。

车床的主运动为工件的旋转运动，它由主轴通过卡盘带动工件旋转。车削加工时，应根据工件材料、刀具、工件加工工艺要求等来选择不同的切削速度，所以主轴要求有变速功能。普通车床一般采用机械变速。车削加工时，一般不要求反转，但在加工螺纹时，为避免乱扣，要求先反转退刀，再以正向进刀继续进行加工，所以要求主轴能够实现正反转。

车床的进给运动是指溜板带动刀具（架）时的横向或纵向的直线运动。其运动方式有手动和机动两种。加工螺纹时，要求工件的切削速度与刀架横向进给速度之间有严格的比例关系。所以，车床的主运动与进给运动由一台电动机拖动并通过各自的变速箱来改变主轴转速与进给速度。

为提高生产效率，减轻劳动强度，车床的溜板还能快速移动，这种运动形式被称为辅助运动。

四、电力拖动及控制要求

根据 CA6140 车床运动情况及加工需要，共采用 3 台三相笼型异步电动机进行拖动，即主轴与进给电动机 M1、冷却泵电动机 M2 和溜板箱快速移动电动机 M3。从车削加工工艺出发，对各台电动机提出的控制要求如下：

(1) 主轴电动机 M1 一般采用三相笼型异步电动机。为确保主轴旋转与进给运动之间的严格比例关系，由一台电动机来拖动主运动和进给运动。为满足调速要求，通常采用机械变速。

对于车削螺纹，要求主轴能够实现正反转。对于小型车床，主轴的正反转由主轴电动机的正反转实现；当主轴电动机容量较大时，主轴的正反转又用摩擦离合器来实现，电动机只做单相旋转。

主轴电动机一般采用直接起动、自然停车的起停方式。

(2) 冷却泵电动机 M2 用以在车削加工时，供出冷却液，对工件与刀具进行冷却。采用直接起动、单向旋转、连续工作的工作方式。该电动机具有短路保护和过载保护。

(3) 快速移动电动机 M3 只要求单向点动、短时运转，无需过载保护。

(4) 电路设有必要短路、过载、欠压、失压保护和安全可靠的照明电路。

五、车床电气控制线路分析

车床电气控制线路如图 9-2 所示。

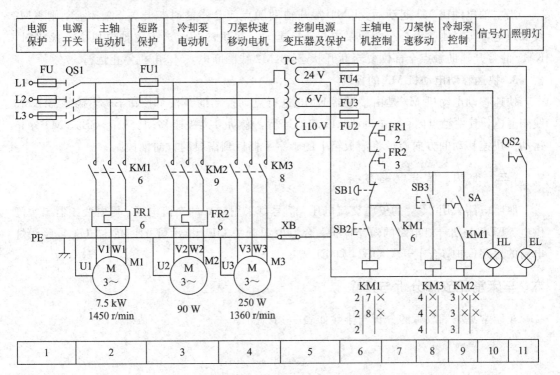

图 9-2 车床电气控制线路

（一）主电路分析

在主电路中，M1 为主轴电动机，拖动主轴的旋转并通过传动机构实现车刀的进给。主轴电动机由主轴变速箱实现机械变速，主轴的正反转由机械换向机构实现。因此，主轴与进给电动机 M1 是由接触器 KM1 控制的单向旋转直接起动的三相笼型异步电动机，由低压断路器 QF 实现短路和过载保护。

M2 为冷却泵电动机，由接触器 KM2 控制实现单向旋转直接起动。M2 用于拖动冷却泵，在车削加工时供出冷却液，对工件与刀具进行冷却。

M3 为刀架快速移动电动机，由接触器 KM3 控制实现单向旋转点动运行。M2、M3 的容量都很小，加装熔断器 FU2 作短路保护。

热继电器 FR1 和 FR2 分别作 M1 和 M2 的过载保护。由于快速移动电动机 M3 是短时工作，所以它不需要过载保护。

（二）控制电路分析

1. 主轴电动机 M1 的控制

按下起动按钮 SB2，KM1 线圈通电吸合并自锁，KM1 主触点闭合，主轴电动机 M1 起动运行。按下停止按钮 SB1，接触器 KM1 断电释放，其主触点和辅助触点都将断开，电动机 M1 断电停止运行。

2. 冷却泵电动机 M2 的控制

当主轴电动机 M1 起动后，KM1 常开辅助触点闭合。这时若开关 SA 闭合，则 KM2 线圈通电，其主触点闭合，冷却泵电机 M2 起动，提供冷却液。当主轴电机 M1 停机时，KM1 的常开辅助触点全部恢复至断开状态，KM2 线圈断电，M2 电机停止运行。

3. 快速移动电动机 M3 的控制

快速移动电动机 M3 是由接触器 KM3 进行点动控制的。按下按钮 SB3，接触器 KM3 线圈通电，其主触点闭合，电动机 M3 起动运行，拖动刀架快速移动。松开 SB3，M3 停止运动。快速移动的方向通过将溜板箱上的十字手柄扳到需要的方向来控制。

（三）照明、信号电路分析

照明电路采用 24 V 的安全交流电压，信号灯采用 6 V 的交流电压，均由变压器二次侧供电。FU3 是信号灯电路的短路保护，合上电源开关 QF，指示灯 HL 亮。FU4 是照明灯电路的短路保护，合上开关 QS2，灯 EL 亮。

六、车床常见故障分析与排除

车床常见电气故障的分析与排除如表 9-1 所示。

表 9-1　车床常见电气故障的分析与排除

序号	故障现象	故障原因	故障排除
1	主轴电动机不能起动	可能原因： ① FU1 或 FU2 的熔丝断开 ② 断路器 QF 断开 ③ 热继电器 FR1 断开 ④ 起动按钮 SB1 或停止按钮 SB2 的接触不良 ⑤ 接触器 KM1 线圈或触点损坏 ⑥ 主轴电机损坏	① 更换同规格熔丝 ② 修复熔断器 QF ③ 修复热继电器 ④ 修复或更换同规格按钮 ⑤ 修复或更换同规格接触器 ⑥ 修复或更换电动机
2	主轴电动机发出"嗡嗡"声响，不能起动	这是电动机缺相运行造成的，可能原因： ① 熔断器 FU1 有一相熔丝断开 ② 接触器 KM1 有一对主触点断开 ③ 电动机接线有一处断开	① 更换同规格熔丝 ② 修复接触器的主触点 ③ 检查电机接线
3	主轴电动机起动后不能自锁	接触器 KM1 自锁用的常开辅助触点接触不良	修复或更换 KM1 的自锁
4	主轴电动机起动运行后无法停止	① 停止按钮 SB1 常闭触点故障 ② 接触器主触点有故障	① 更换同规格的按钮 SB1 ② 更换接触器 KM1 主触点
5	照明灯不亮	① 照明灯泡损坏 ② 照明开关 QS2 损坏 ③ 熔断器 FU4 的熔丝烧断 ④ 变压器绕组烧坏	① 更换同规格的灯泡 ② 更换同规格的开关 ③ 更换同规格的熔丝 ④ 修复或更换变压器

→ 提 升 练 习

一、选择题

1. CA6140 型车床调速是(　　　)。

A. 电气无级调速　　　B. 齿轮箱进行机械有级调速　　　C. 电气与机械配合调速

2. CA6140 型主轴电动机是(　　　)。

A. 三相笼型异步电动机　B. 三相绕线转子异步电动机　C. 直流电动机

二、判断题

1. 只要操作人员不违章操作，机床就不会发生电气故障。　　　　　　　　(　　)

2. 电动机的接地装置应该经常检查，使之保持牢固可靠。　　　　　　　　(　　)

3. CA6140 车床主轴的正反转是通过主轴电动机 M1 的正反转实现的。　　(　　)

4. 操作 CA6140 车床时，按下 SB2，发现接触器 KM1 得电动作，但主轴电动机不能起动，则故障原因可能是热继电器 FR1 动作后未复位。   （   ）

三、简答题

CA6140 车床在车削过程中，若有一个控制主轴电动机的接触器主触头接触不良，会有什么现象？如何解决？

【技能训练】CA6140 型卧式车床电气控制线路的

调试与故障检修

一、训练目的

(1) 能读懂 CA6140 型卧式车床电气控制线路原理图。

(2) 能根据故障现象判断故障原因并排除。

二、训练器材

模拟机床电气控制柜。

三、训练内容及要求

1. 识读车床电气控制线路故障图

CA6140 型卧式车床电气控制线路故障图如图 9-3 所示。

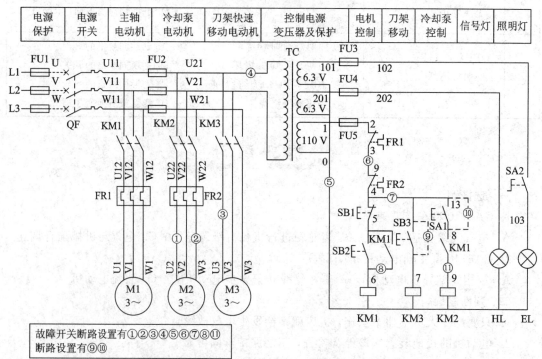

图 9-3　CA6140 型卧式车床电气控制线路故障图

故障说明：本车床控制线路共设 11 处故障，其中短路故障 2 个（9 和 10），断路故障 9 个（1、2、3、4、5、6、7、8 和 11），各故障点均由开关控制。

（1）1 号和 2 号开关分别串接在冷却泵电机 M2 的两根相线上，断开其中任何一个开关冷却泵电机均会出现缺相现象。

（2）3 号开关串接在刀架电机 M3 的一根相线上，断开此开关刀架电机出现缺相现象。

（3）4 号开关设在控制变压器 TC 的输入端，断开此开关，控制变压器 TC 无输入电压，整个控制电路和照明电路均无法工作。

（4）5 号开关设在控制变压器 TC 的输出公共端，断开此开关，整个控制电路和照明电路均无法工作。

（5）6 号开关设在热继电器 FR1 和 FR2 常闭触点之间，断开此开关，三个接触器无法得电，所有电机无法工作。

（6）7 号开关设在刀架电机、冷却泵电机控制电路和主轴电机控制电路的并联处，断开此开关，接触器 KM2 和 KM3 无法得电，刀架电机和冷却泵电机无法工作。

（7）8 号开关串接在接触器 KM1 辅助常开触点处，断开此开关，主轴电机无法连续运行。

（8）9 号开关为短路故障，与刀架电机起动按钮 SB3 并联，合上此开关，刀架电机自动连续运行。

（9）10 号开关为短路故障，与冷却泵电机开关 SA1 并联，合上此开关，当主轴电机运行时冷却泵电机同时自动起动。

（10）11 号开关串接在接触器 KM2 的线圈上，断开此开关，冷却泵电机无法起动。

2. 故障设置与排除

故障设置时应注意以下几点：

（1）故障点必须是模拟车床在使用过程中由于外界因素影响而造成的自然故障。

（2）切忌设置需要更改线路或更换元件等人为原因造成的非自然故障。

（3）若设置多个故障，则故障现象尽可能不要相互掩盖。

（4）设置的故障必须与学生应该具有的能力相适应，随着学生检修水平的不断提高，再相应地提高故障的难度等级。

（5）不要设置容易造成人身或设备事故的故障点，如有必要，教师必须在现场密切注意学生的检修过程，并随时做好应急措施准备。

故障排除步骤如下：

（1）通电试验观察故障现象。

（2）根据故障现象，依据电路图确定故障范围。

（3）采取正确的方法查找故障点并排除故障。

3. 撰写检修报告

完成车床电气控制线路检修报告，如表 9－2 所示。

表 9 – 2 车床控制线路检修报告

机床名称/型号	
故障现象	
故障分析	（针对故障现象，在电气控制线路图分析故障范围或故障点）
故障检修计划	（针对故障现象，简单描述故障检修方法及步骤）
故障排除	（写出具体故障排除步骤及实际故障点编号，并写出故障排除后的试机效果）

四、考核评价

本项目的考核内容及评分要求，如表 9 - 3 所示。

表 9 - 3 故障检修评分标准

序号	项目内容	考核要求	评分细则	配分	扣分	得分
1	调查研究	对机床的常见故障进行调查研究	① 排除故障前不进行调查研究，扣 5 分 ② 调查研究不充分，扣 2 分	10 分		
2	故障分析	在电气控制线路图上分析故障可能的原因，思路正确	① 标错故障范围，每个故障点扣 5 分 ② 不能标出最小故障范围，每个故障点扣 3 分	15 分		
3	故障检修计划	编写简明故障检修计划，思路正确	① 遗漏重要检修步骤，扣 3 分 ② 检修步骤顺序颠倒，逻辑不清，扣 2 分	10 分		
4	故障查找与排除	正确使用工具和仪表，找出故障点并排除故障	① 造成短路或熔断器熔断，每次扣 5 分 ② 损坏万用表，扣 5 分 ③ 排除故障的方法选择不当，每次扣 5 分 ④ 排除故障时，产生新的故障且不能自行修复，每个扣 10 分 ⑤ 漏查故障点，每个扣 20 分 ⑥ 每找错一个故障点扣 5 分	40 分		
5	技术文件	维修报告表述清晰，语言简明扼要	检修报告记录机床名称/型号、故障现象、故障分析、故障检修计划、故障排除五部分，每部分 3 分，记录错误或记录不完整按比例扣分	15 分		
6	安全操作	安全文明规范操作	① 未穿戴防护用品，扣 4 分 ② 检修前未清点工具、仪器、耗材，扣 2 分 ③ 未经验电笔测试前，用手触摸接线端，扣 5 分 ④ 随意摆放工具、耗材和杂物，完成后不清理工位，扣 2～5 分 ⑤ 违规操作，扣 5～10 分	10 分		
定额时间 180 min		每超过 5 min(包括 5 min 以内)，扣 5 分		成绩		

项目 ⟨10⟩

M7120 型平面磨床电气控制线路的检修

【学习目标】

(1) 掌握磨床的基本结构及运动形式。

(2) 掌握磨床电力拖动的特点与控制要求,明确磨床操作步骤及工作原理。

(3) 会根据故障现象,按电气原理图进行分析,指出可能的故障原因,并做针对性检查。

(4) 掌握常见的电气故障分析与检修方法及步骤,并按要求排除相应故障。

(5) 正确使用测试工具和仪表。养成安全操作,规范操作,文明生产的职业素养。

【项目描述】

在机械制造中,磨床是用于获得高精度、高质量零件表面加工的机床,它是精密加工机床的一种。磨床的种类很多,根据用途不同可分为平面磨床、内圆磨床、外圆磨床、无心磨床等。磨床利用磨具和磨料(例如砂轮、砂带、研磨剂等)对工件表面进行磨削加工,通常,磨具旋转为主运动,工件的旋转与移动或磨具的移动为进给运动。磨床可以加工平面、内外圆柱面、圆锥面和螺旋面等,同时还可以进行切断加工。

M7120 平面磨床磨削精度和光洁度都比较高,操作方便,适于磨削精密零件和各种工具,并可作镜面磨削。本项目以 M7120 型平面磨床为例,研究磨床的结构及运动形式、电力拖动特点及控制要求,分析其电气控制电路原理及常见故障排除方法。

【知识链接】

一、磨床的主要结构及运动形式

M7120 型平面磨床型号的含义为：M，磨床；7，平面；1，卧轴矩台式；20，工作台工作面宽 200 mm。

图 10-1 为 MT120 平面磨床的外形。

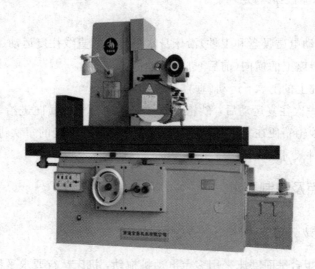

图 10-1　M7120 平面磨床的外形

（一）M7120 型平面磨床的结构

M7120 型平面磨床的结构主要由床身、立柱、滑座、砂轮箱、工作台和电磁吸盘等组成，如图 10-2 所示。

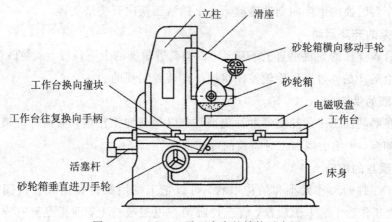

图 10-2　M7120 平面磨床的结构示意图

磨床的工作台表面有 T 型槽，可以用螺钉和压板将工件直接固定在工作台上，也可以在工作台上装上电磁吸盘，用来吸持具有铁磁性的工件。平面磨床进行磨削加工时，砂轮与砂轮电动机均装在砂轮箱内，砂轮直接由砂轮电动机带动旋转；砂轮箱装在滑座上，而滑座装在立柱上。

（二）M7120 型平面磨床的运动形式

1. 主运动

主运动即砂轮的高速旋转运动。

2. 进给运动

（1）工作台（带动电磁吸盘和工件）沿床身水平导轨的直线往复运动（纵向进给）。

（2）砂轮箱在滑座上的横向（前后）进给运动。

（3）滑座在立柱上的上、下运动（垂直进给）。

工作台每完成一次往复运动后，砂轮箱便做一次间断性的横向进给。零件在整个加工平面被磨削一次，砂轮箱便在立柱导轨上向下移动一次（按设定的每次进刀量进刀），直到加工到所需要的零件尺寸。

二、电力拖动特点及控制要求

（一）电力拖动的特点

M7120 型卧轴矩台平面磨床采用多台电动机拖动，机床运行要求平稳。

1. 砂轮的旋转运动

砂轮电动机拖动砂轮旋转，对工件进行磨削加工。由于砂轮的旋转一般不需要调速，也不需要反转，故可直接起动，所以用一台三相异步电动机拖动即可。

2. 工作台和砂轮的往复运动

液压电动机驱动油泵，供出压力油，经液压传动机构来完成工作台往复运动并实现砂轮的横向自动进给，并承担工作台导轨的润滑。砂轮的横向进给可由液压传动也可由手轮来操作。工作台的换向由换向挡铁碰撞床身上的液压换向开关来实现。

3. 砂轮架的升降运动

滑座可沿着立柱的导轨垂直上下移动，以调整砂轮架的上下位置，或使砂轮磨入工件。这一垂直进给运动是通过操作手轮控制机械传动装置实现的。

4. 冷却液的供给

为减小在磨削加工中的热变形并冲走磨屑，以保证加工精度，需用冷却液。冷却泵电动机拖动冷却泵，供给磨削加工时需要的冷却液。

5. 电磁吸盘的控制

根据加工工件的尺寸大小和结构形状，可以把工件用螺钉和压板直接固定在工作台上，也可以在工作台上装电磁吸盘，将工件吸附在电磁吸盘上，前提是要有充磁和退磁控制环节。

（二）电力拖动的控制要求

M7120 平面磨共有四台三相异步电动机：液压泵电动机 M1、砂轮电动机 M2、冷却泵电动机 M3、砂轮箱升降电动机 M4。对其控制要求如下：

（1）液压泵电动机 M1、砂轮电动机 M2 和冷却泵电动机 M3 只要求单方向旋转，因容量不大，故采用直接起动。砂轮箱升降电动机 M4 要求能正反转。

（2）冷却泵电动机 M3 与砂轮电动机 M1 具有联锁关系，冷却泵电动机要求在砂轮电动机运转后才能起动。不需要冷却泵电动机时，可单独停转。

（3）应具有完善的保护环节，例如电动机的短路保护、过载保护、零压保护、电磁吸盘的欠压保护等。同时电磁吸盘应具有吸持工件、松开工件，并使工件去磁的控制环节。

（4）在正常磨削加工中，若电磁吸盘吸力不足或吸力消失时，砂轮电动机与液压泵电动机应立即停止工作，以防工件被砂轮切向力打飞而发生人身和设备事故。

（5）有必要的信号指示和局部照明。

三、磨床电气线路分析

图 10-3 为 M7120 型平面磨床的电气控制线路原理图，包括主电路、控制电路、电磁吸盘控制电路和机床照明电路等部分。

（一）主要器件的作用

KV——欠电压继电器，在磨床电气控制中作为弱磁和失磁保护器件使用。当流过线圈的电流小于某值时，KV 电磁线圈不吸合，整个控制电路的电源由 KV 常开触点控制。

YH——电磁吸盘，其控制电路由降压电路 TC、整流电路 VC 构成。

RC——阻容保护电路由 C、R 等构成。

TC——电源变压器，一次绕组为 380 V，二次绕组有三组抽头（一组为 135 V，供电磁吸盘；二组为 24 V，供照明用；三组为 6 V，供信号指示电路用）。

（二）主电路分析

M1 为液压泵电动机，由 KM1 主触点控制。M2 为砂轮电动机，M3 为冷却泵电动机，这两台电动机都由 KM2 的主触点控制。M4 为砂轮箱升降电动机，由 KM3、KM4 的主触点分别控制。FU1 对 4 台电动机和控制电路进行短路保护。FR1、FR2、FR3 分别对 M1、M2、M3 进行过载保护。砂轮升降电动机因运转时间短，所以不设置过载保护。

（三）控制电路分析

当电源电压正常时，整流电源输出直流电压也正常，合上电源总开关 QS1，则在图区 16 上的电压继电器 KV 线圈通电吸合，使图区 7 上的常开触点闭合，为起动电机等操作做好准备。

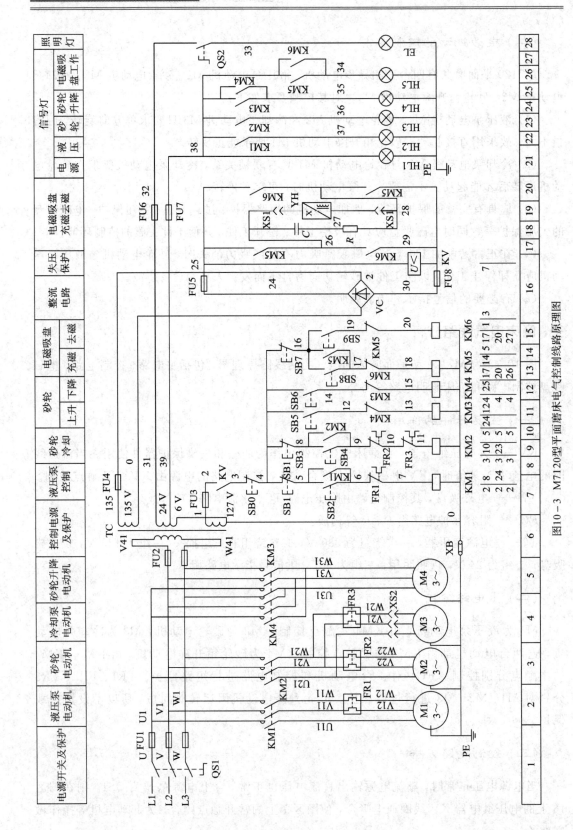

图10-3 M7120型平面磨床电气控制线路原理图

1. 液压泵电动机 M1 的控制

合上电源总开关 QS1，图区 7 上的常开触点 KV 闭合，为液压电动机 M1 和砂轮电动机 M2 的操作做好准备。按下 SB2，接触器 KM1 线圈通电吸合，液压泵电动机 M1 起动运转。按下停止按钮 SB1，M1 停转。

（1）起动过程：

按下 SB2 →电流经 FU3→ KV 常开→SB0 常闭→ SB1 常闭→SB2 常开（已按下）→FR1 常闭 →KM1 线圈得电→KM1 主触点闭合→M1 得电运转。

　　　　　　→KM1 常开辅助触点闭合（5 — 6）→完成自锁。

　　　　　　→KM1 常开辅助触点闭合（38 — 37）→液压起动指示 HL2 亮。

（2）停止过程：

按下 SB1→KM1 线圈失电→KM1 主触点分断→M1 失电停转。

　　　　　→常开辅助触点（5 — 6）分断→解除自锁。

　　　　　→KM1 常开辅助触点（38 — 37）分断→HL2 熄灭。

2. 砂轮电动机 M1 及冷却液泵电动机 M3 的控制

电动机 M2 及 M3 也必须在 KV 通电吸合后才能起动。其控制电路在图区 8、图区 9。冷却液泵电动机 M3 通过 XS2 与接触器 KM2 相接，如果不需要该电机工作，则可将 XS2 断开。否则，按起动按钮 SB4，接触器 KM2 线圈通电吸合，M2 与 M3 将同时起动运转；按停止按钮 SB3，则 M2 与 M3 同时停转。

3. 砂轮升降电动机 M4 的控制

采用接触器联锁正反转控制，控制电路位于图区 11、图区 12 处，采用点动控制。

砂轮上升控制过程为：按下 SB5→KM3 得电→M4 起动正转。当砂轮上升到预定位置时，松开 SB5→KM3 失电→M4 停转。

砂轮下降控制过程为：按下 SB6→KM4 得电→M4 起动反转。当砂轮下降到预定位置时，松开 SB6→KM4 失电→M4 停转。

4. 电磁工作台的控制

电磁工作台又称电磁吸盘，它是固定加工工件的一种夹具。利用通电导体在铁芯中产生的磁场可以吸牢具有铁磁性质的工件，以便加工。与机械夹具比较，它具有夹紧迅速、不损伤工件、一次能吸牢若干个小工件，以及工件发热可以自由伸缩等优点。因而电磁吸盘在平面磨床上用得十分广泛，如图 10 - 4、图 10 - 5 所示。

图 10 - 4　M7120 型平面磨床的电磁吸盘

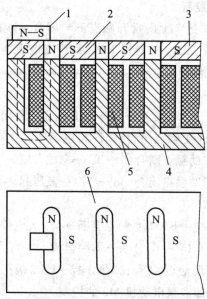

1—工件；2—非磁性材料；3—工作台；
4—芯体；5—线圈；6—盖板

图 10-5　M7120 型平面磨床的电磁吸盘结构

电磁吸盘的控制电路包括整流装置、控制装置和保护装置 3 个部分。

整流装置由变压器 TC 和单相桥式全波整流器 VC 组成，供给直流电源。保护装置由放电电阻 R 和电容 C 等组成。控制装置由按钮 SB7、SB8、SB9 和接触器 KM5、KM6 等组成。其控制电路位于图区 13 到图区 20。当在电磁工作台放上具有铁磁性质的工件后，按下充磁按钮 SB8，KM5 通电吸合，电磁吸盘 YH 通入直流电流进行充磁将工件吸牢。加工完毕后，按下按钮 SB7，KM5 断电释放，电磁吸盘断电，但由于剩磁作用，所以要取下工件，此时必须再按下按钮 SB9 进行去磁。它通过接触器 KM6 的吸合，给 YH 通入反向直流电流来实现去磁，但要注意，按点动按钮 SB9 的时间不能过长，否则电磁吸盘将会被反向磁化反而会取不下工件。其控制过程如下：

1）YH 充磁过程

按下 SB8→电流经 KV 触点→ SB7 常闭→ SB8（已按下）→ KM6 辅闭→ KM5 线圈得电→KM5 主触点（25 — 26）及（25 — 29）闭合→电磁吸盘 YH 充磁。

　　→KM5 常开辅助触点闭合（16 — 17）→完成自锁。

　　→KM5 常开辅助触点闭合（38 — 35）→YH 得电，指示 HL5 亮。

2）YH 失电过程

按下 SB7→KM5 线圈失电→KM5 主触点（25 — 26）及（25 — 29）分断→电磁吸盘 YH 失电。

　　→KM5 常开辅助触点（16 — 17）分断→解除自锁。

　　→KM5 常开辅助触点（38 — 35）分断→YH 指示，HL5 熄灭。

3）YH 去磁过程

按下 SB9→电流经 KV 触点→ SB7 常闭→ SB9（已按下）→ KM5 常闭→KM6 线圈得

电→KM6 主触点(25 — 28)及(26 — 29)闭合→YH 得电(去磁)。

　　　　　　→KM6 常开辅助触点闭合(38 — 34)→YH 得电,指示 HL5 亮。

保护装置由放电电阻 R 和电容 C 欠电压继电器组成。电阻 R 和电容 C 组成一个放电回路,当电磁吸盘在断电瞬间,由于电磁感应的作用,将会在 YH 两端产生一个很高的自感电动势。如果没有 R-C 放电回路,电磁吸盘线圈及其他电器的绝缘将有被击穿的危险。欠电压继电器并联在整流电源两端,当直流电压过低时,欠电压继电器立即释放,使液压泵电动机 M1 和砂轮电动机 M2 立即停转,从而避免由于电压过低使 YH 吸力不足而导致工件飞出造成事故。

5. 辅助电路

辅助电路主要是信号指示和照明电路,位于图区 21～图区 28。其中 EL 为局部照明灯,由控制变压器 TC 供电,工作电压为 24 V,由手动开关 QS2 控制。其余信号灯由 TC 供电,工作电压为 6 V。HL1 为电源指示灯,HL2 为 M1,HL3 为 M2,HL4 为 M3(或 M4 同时)运转的指示灯,HL5 为电磁吸盘的工作指示灯。

四、磨床常见电气故障的分析与排除

(一) 磨床电气故障分析的方法与步骤

1. 故障分析方法

(1) 用试验法观察故障现象,初步判定故障范围。

(2) 确定故障范围。根据故障现象,运用逻辑分析法(例如单独路径法、共同路径法等)及外观检查和通电试验法缩小故障范围。

(3) 用测量法确定故障点。测量法是利用电工工具和仪表(例如测电笔、万用表、钳形电流表、兆欧表等)对线路进行带电或断电测量,是查找故障的有效方法。根据情况可采用电压分段测量法和电阻分段测量法。用电阻测量法检查故障时,一定要先切断电源。

利用电阻测量法判断线路或元器件通断情况时,可采用"1/2 排除法":将测试点定在故障线路的 1/2 处,一次测试即可排除所有故障元器件的 1/2,对故障线路包含多个元器件的情况非常有效。必要时可使用断回路法排除故障。

2. 故障检修步骤

(1) 在操作教师的指导下,对机床进行操作,了解机床操作状态,以及操作方法。

(2) 在教师指导下,熟悉磨床电器元件的布局及其安装情况。

(3) 教师在有故障的机床上示范检修,边分析,边检查,直至找出故障点并排除。

(4) 教师人为设置自然故障点,指导学生如何从故障现象着手,引导学生独立分析并检修。

(5) 教师设置故障,学生逐一检修。

3. 注意事项

(1) 掌握磨床电气控制原理,熟悉机床操作方法。

(2) 务必在已切断电源的情况下才能触摸元器件。

(3) 带点测量要经过教师同意,并在教师的监护下进行。

(4) 测量时,要注意电路是否存在回路,避免影响测量结果,产生错误判断。

（二）磨床常见电气故障的分析与排除

1. 交流部分

（1）电动机 M1、M2、M3 和 M4 都不能起动：

① HL1 电源指示灯亮，EL 照明灯亮。故障点：FU3、KV、SB0。

② HL1、EL 都不亮。故障点：FU2、FU1、TC、QS。

（2）电动机 M1 不能起动：

① 按下 SB2 按钮，接触器 KM1 不吸合。故障点：SB1、SB2、FR1、KM1。

② 按下 SB2 按钮，接触器 KM1 吸合。故障点：KM1 主触头、FR1 热元件、电动机 M1。

（3）电动机 M1 点动。故障点：KM1 常开辅助触头。

（4）电动机 M2 不能起动，M3 能起动。故障点：FR2 热元件、M2 电动机。

（5）电动机 M2、M3 都不能起动：

① 按下 SB4 按钮，接触器 KM2 不吸合。故障点：SB3、SB4、FR2、FR3、KM2。

② 按下 SB4 按钮，接触器 KM2 吸合。故障点：KM2 主触头。

（6）M3 不能起动。故障点：FR3 热元件、M3 电动机。

（7）电动机 M4 只能上升，不能下降：

① KM4 不吸合。故障点：KM3 常闭触点、SB6、KM4。

② KM4 吸合。故障点：KM4 主触点。

2. 直流部分

（1）电动机 M1、M2、M3 都不能起动：若电压继电器 KV 吸合，则故障点为 KV 常开触点。若不吸合，并测得 KV 线圈两点电压正常，则故障点为 KV 线圈；电压不正常则故障点为 VC、YH；没电压则故障点为 FU4、FU5、TC、VC。

（2）电磁吸盘 YH 没有吸力：

① 检查 FU4、FU5 是否熔断。

② 按下 SB8，KM5 吸合后，拔出 YH 的插头 XP2，用万用表直流电压挡测量插座 XS2 是否有电压。若有电且电压正常，则应检查 YH 线圈是否断路；若无电，则故障点一般在整流电路中。

③ 检查整流器的输入交流电压和输出直流电压是否正常。若输出电压正常，则可检查 KM5 主触点接触是否良好和线头是否松脱。若输出电压为零，则应检查有无输入电压。若输入电压也正常，那么故障点可能就在整流器中，应检查桥臂上的二极管及接线是否存在断路故障。其方法是：拔下 FU4、FU5，逐个测量每只二极管的正反向电阻，二次测量读数都很大的一只二极管即为断路管；二次测量读数都很小或为零的管子为短路管。只有当二次读数相差很大时，管子的单向导电性能才良好，即为合格管，此时应检查桥堆的接点是否有松脱和脱焊故障。如果输入电压为零，应先检查 FU4，然后再检查控制变压器 TC 的输入、输出电压是否正常，绕组是否有断路、短路故障。

（3）电磁吸盘吸力不足：一般是由于 YH 两端电压过低或 YH 线圈局部存在短路故障所致。

① 检查整流器输入端的交流电源电压是否过低。如果电压正常且整流器输出直流电压也正常，则可拔下 YH 的插头 XP2，测量 XP2 插座两端的直流空载电压。若测得的空载电压

也正常，而接上 YH 后电压降落不大，则故障可能是由于 YH 部分线圈有断路故障或插销接触不良所致。如果空载电压正常，而接上 YH 后压降较大，则故障可能是由于 YH 线圈部分有短路点或 KM5 的主触点及各接处的接触电阻过大所致。如果测得空载电压过低，可先检查电阻 R 是否因 C 被击穿、烧毁而引起 $R-C$ 电路短路的故障，否则，故障点在整流电路中。

② 如果前面检查都正常，仅为整流器输出直流电压过低，则故障点必定在整流电路。

（4）电磁吸盘退磁效果差，造成工件难以取下：其故障原因在于退磁电压过高或去磁回路断开，以及无法去磁或去磁时间没有掌握好等。

➡ 提升练习

一、填空题

1. 平面磨削时常用的工件安装方法为＿＿＿＿＿＿。

2. 磨床工作台一般采用＿＿＿＿＿传动，其特点是＿＿＿＿＿＿＿。

二、选择题

1. 磨床属于（　）加工机床。

A. 一般　　　　　　　　B. 粗　　　　　　　　C. 精

2. 砂轮的硬度是指（　）。

A. 组成砂轮的磨料的硬度　　　　　　B. 黏结剂的硬度

C. 磨粒在外力作用下从砂轮表面上脱落的难易程度

三、简答题

1. 根据故障现象，分析并排除 M7120 型磨床故障。

现象：电动机 M4 只能上升，不能下降。

2. M7120 型磨床需要几台电动机拖动？如何控制？

【技能训练】　M7120 型平面磨床电气控制线路的故障检修

一、训练目的

（1）能读懂 M7120 型平面磨床电气控制线路原理图。

（2）能根据故障现象判断故障原因并排除。

二、训练器材

模拟机床电气控制柜。

三、训练内容及要求

1. 识读磨床电气控制线路故障图

M7120 型平面磨床电气控制线路故障图，如图 10 - 6 所示。

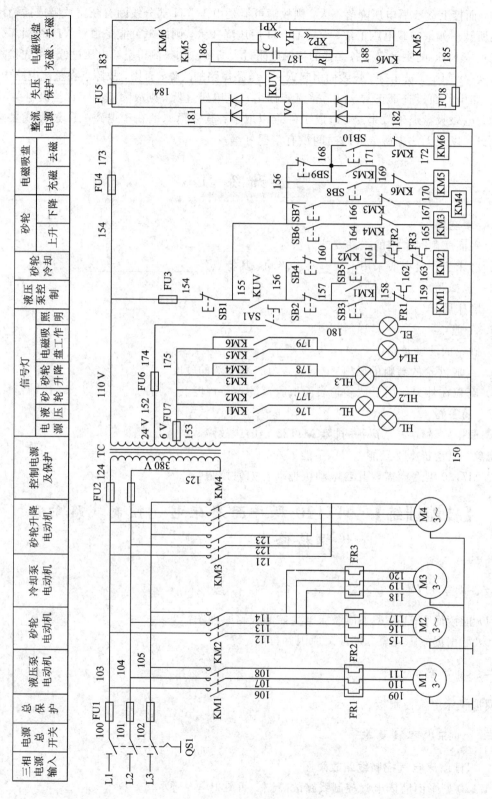

图10-6 M7120型平面磨床电气控制线路故障图

故障说明：本磨床电气控制线路共设 30 处故障，各故障点均由开关控制，"0"位为断开，"1"位为合上。

2. 磨床基本功能操作

根据磨床的加工功能进行磨床的基本操作。通过磨床功能的基本操作，了解正常状态下磨床各电器元件的动作过程和动作顺序，发现故障（非正常）状态下的异常现象或电器元件的非正常状态。正确操作如下：

（1）操作前准备：根据电气控制线路图，把断路故障开关置"1"位。合上电源开关 QS1，机床电气线路进入带电状态，同时电源指示灯 HL 亮。

（2）液压泵电动机 M1 控制：按下起动按钮 SB3，接触器 KM1 吸合并自锁，液压泵电机 M1 起动运行，液压指示灯 HL1 亮；按下停止按钮 SB2，接触器 KM1 失电，M1 停止旋转。

（3）砂轮电动机 M2 及冷却泵电动机 M3 的控制：按下起动按钮 SB5，接触器 KM2 通电吸合并自锁，砂轮电动机 M2 及冷却泵电动机 M3 同时起动运行。按下停止按钮 SB4，接触器 KM2 失电，M2、M3 同时断电停转。

（4）砂轮升降电动机 M4 的控制：按下点动按钮 SB6，KM3 通电吸合，M4 电机正转起动，表示砂轮上升，同时砂轮升降指示灯亮；松开 SB6，KM3 断电释放，M4 停转；按下点动按钮 SB7，KM4 通电吸合，M4 电机反转起动，表示砂轮下降，同时砂轮升降指示灯亮；松开 SB7，KM4 断电释放，M4 停转。

（5）电磁吸盘控制：

① 充磁过程：按下充磁按钮 SB8，KM5 得电吸合，表示电磁吸盘 YH 线圈得电，同时电磁吸盘工作指示灯 HL4 亮。按下 SB9 按钮，切断电磁吸盘 YH 的直流电源。

② 去磁过程：按下去磁按钮 SB10，KM5 得电吸合，表示电磁吸盘 YH 通入反向直流电。

（6）照明灯控制：合上组合开关 SA1，照明灯 EL 亮，断开 SA1，照明灯 EL 熄灭。

3. 故障分析与排除

在模拟磨床上人为设置故障点（每次 1～2 个故障点）。故障排除步骤如下：

（1）电试验观察故障现象。

（2）根据故障现象，依据电路图确定故障范围。

（3）采取正确的方法查找故障点并排除故障。

（4）检修完毕进行通电试验，并做好维修记录。

4. 操作注意事项

（1）熟悉 M7120 型平面磨床电气控制电路的基本环节及控制要求，认真观摩教师的示范检修。

（2）不可随意改变砂轮升降电动机原来的电源相序。

（3）通电检查时，必须熟悉电气原理图，弄清机床线路的走向及元件布局。检查时要核对好线号，注意安全防护。

（4）电磁吸盘通电时，最好将电磁吸盘拆除，用 110 V、100 W 的白炽灯作负载。

（5）用万用表测电磁吸盘线圈电阻时，因吸盘的直流电阻较小，要先调好零，选用低阻值挡。

（6）检修时，严禁扩大故障范围或产生新的故障。

（7）带电检修时，必须有指导教师监护，以确保安全。

5．撰写检修报告

完成磨床电气控制线路检修报告，如表10-1所示。

表 10 - 1　磨床控制线路检修报告

机床名称/型号	
故障现象	
故障分析	（针对故障现象，在电气控制线路图分析故障范围或故障点）
故障检修计划	（针对故障现象，简单描述故障检修方法及步骤）
故障排除	（写出具体故障排除步骤及实际故障点编号，并写出故障排除后的试机效果）

四、考核评价

本项目的考核内容及评分要求，如表 10-2 所示。

表 10-2　故障检修评分标准

序号	项目内容	考核要求	评分细则	配分	扣分	得分
1	调查研究	对机床的常见故障进行调查研究	① 排除故障前不进行调查研究，扣5分 ② 调查研究不充分，扣2分	10分		
2	故障分析	在电气控制线路图上分析故障可能的原因，思路正确	① 标错故障范围，每个故障点扣5分 ② 不能标出最小故障范围，每个故障点扣3分	15分		
3	故障检修计划	编写简明故障检修计划，思路正确	① 遗漏重要检修步骤，扣3分 ② 检修步骤顺序颠倒，逻辑不清，扣2分	10分		
4	故障查找与排除	正确使用工具和仪表，找出故障点并排除故障	① 造成短路或熔断器熔断，每次扣5分 ② 损坏万用表，扣5分 ③ 排除故障的方法选择不当，每次扣5分 ④ 排除故障时，产生新的故障且不能自行修复，每个扣10分 ⑤ 漏查故障点，每个扣20分 ⑥ 每找错一个故障点扣5分	40分		
5	技术文件	维修报告表述清晰，语言简明扼要	检修报告包括机床名称/型号、故障现象、故障分析、故障检修计划、故障排除五个部分，每部分3分，记录错误或记录不完整按比例扣分	15分		
6	安全操作	安全文明规范操作	① 未穿戴防护用品，扣4分 ② 检修前未清点工具、仪器、耗材，扣2分 ③ 未经验电笔测试前，用手触摸接线端，扣5分 ④随意摆放工具、耗材和杂物，完成后不清理工位，扣2~5分 ⑤ 违规操作，扣5~10分	10分		
	定额时间 180 min		每超过 5 min(包括 5 min 以内)，扣5分	成绩		

项目 ⟨11⟩

Z3050 型摇臂钻床电气控制线路的检修

【学习目标】

(1) 了解 Z3050 型摇臂钻床的结构与运动情况及拖动特点。

(2) 掌握 Z3050 型摇臂钻床的电气控制工作原理。

(3) 会根据故障现象，按电气原理图进行分析，指出可能的故障原因，并做针对性检查。

(4) 掌握故障分析与检修方法，会排除 Z3050 型摇臂钻床的常见电气故障。

(5) 正确使用测试工具和仪表。养成安全操作，规范操作，文明生产的职业素养。

【项目描述】

钻床是一种用途广泛的孔加工机床。它主要用来钻削对精度要求不太高的孔，另外还可用来扩孔、铰孔、镗孔，以及刮平面、攻螺纹等。钻床的结构形式很多，有立式钻床、卧式钻床、深孔钻床及多轴钻床等。在各类钻床中，摇臂钻床操作方便、灵活，适用范围广，具有典型性，特别适用于单件或批量生产带有多孔的大型零件的孔加工，是一般机械加工车间常见的机床。本项目以 Z3050 型摇臂钻床为例，研究钻床的结构及运动形式、电力拖动特点及控制要求，分析其电气控制电路原理及电气线路故障检修。

【知识链接】

一、钻床的主要结构及运动形式

Z3050 型摇臂钻床型号的含义为：Z，钻床；3，摇臂钻床组；0，摇臂钻床型；50，最大钻孔直径为 50 mm。

1. Z3050 型摇臂钻床的主要结构

图 11-1 是 Z3050 摇臂钻床的外形结构。摇臂钻床主要由底座、内立柱、外立柱、摇臂、主轴箱、主轴、工作台等组成。内立柱固定在底座上，外面套着空心的外立柱，外立柱可绕着内立柱回转一周。摇臂一端的套筒部分与外立柱滑动配合，借助于丝杆，摇臂可沿着外立柱上下移动，以适应加工不同高度的工件，但两者不能做相对转动，所以摇臂与外立柱一起相对内立柱回转。主轴箱是一个复合的部件，它具有主轴及主轴旋转部件和主轴进给的全部变速和操纵机构。主轴箱可沿着摇臂上的水平导轨做径向移动。当进行加工时，可利用特殊的夹紧机构将外立柱紧固在内立柱上，摇臂紧固在外立柱上，主轴箱紧固在摇臂导轨上，然后进行钻削加工。

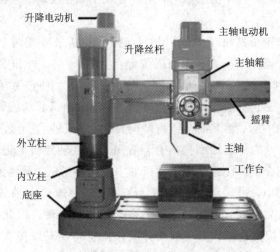

图 11-1　Z3050 型摇臂钻床的外形结构

2. Z3050 型摇臂钻床的运动形式

（1）主运动：主轴的旋转运动。

（2）进给运动：主轴的垂直移动（纵向进给）。

（3）辅助运动：主轴箱沿摇臂水平移动；摇臂沿外立柱上下移动；摇臂与外立柱一起相对于内立柱做回转运动。

二、电力拖动特点及控制要求

（1）由于摇臂钻床的运动部件较多，为简化传动装置，需要使用多台电动机拖动，主轴电动机承担主钻削及进给任务，摇臂升降、夹紧放松和冷却泵各用一台电动机拖动。

（2）为了适应多种加工方式的要求，主轴及进给应在较大范围内调速。但这些调速都是机械调速，用手柄操作变速箱调速时，对电动机无任何调速要求。主轴变速机构与进给变速机构在一个变速箱内，由主轴电动机拖动。

（3）加工螺纹时要求主轴能正反转。摇臂钻床的正反转一般用机械方法实现，电动机只须单方向旋转。

（4）摇臂升降由单独的一台电动机拖动，要求能实现正反转。

（5）摇臂的夹紧与放松以及立柱的夹紧与放松都由一台异步电动机配合液压装置来完

成，要求这台电动机能正反转。摇臂的回转和主轴箱的径向移动在中小型摇臂钻床上都采用手动。

（6）钻削加工时，为对刀具及工件进行冷却，需要一台冷却泵电动机拖动冷却泵输送冷却液。

（7）各部分电路之间有必要的保护和联锁。

三、液压系统工作简介

Z3050 型摇臂钻床具有操纵机构和夹紧机构两套液压控制系统。

1. 操纵机构液压系统

操纵机构液压系统：安装在主轴箱内，用以实现主轴正反转、停机制动、空挡、预选及变速。

主轴电动机拖动齿轮泵送出压力油，由主轴操作手柄来改变两个操纵阀的相互位置，从而获得不同的动作。操作手柄有五个空间位置：上、下、里、外和中间位置。其中，"上"为"空挡"，"下"为"变速"，"外"为"正转"，"里"为"反转"，"中间"为"停机"。

主轴旋转时，首先按下主轴电动机起动按钮，主轴电动机起动旋转，拖动齿轮泵，送出压力油。然后操纵主轴手柄，将其扳至所需转向位置（里或外），于是两个操纵阀的相互位置发生转变，使一股压力油将制动摩擦离合器松开，为主轴旋转创造条件；另一股压力油压紧正转（反转）摩擦离合器，接通主轴电动机的主轴的传送链，驱动主轴正转或反转。

在主轴正反转过程中，可转动变速按钮，改变主轴转速或主轴进给量。主轴停机时，将操作手柄扳回中间位置，这时主轴电动机仍拖动齿轮泵旋转。但此时整个液压系统为低压油，无法松开制动摩擦离合器，而在制动弹簧作用下将制动摩擦离合器压紧，使制动轴上的齿轮不能转动，实现主轴停机。所以主轴停机时主轴发动机仍在旋转，只是不能将动力传到主轴。

2. 夹紧机构液压系统

夹紧机构液压系统：安装在摇臂背后的电器盒下部，用以实现摇臂的夹紧和松开、主轴箱的夹紧与松开、立柱的夹紧与松开。

主轴箱、立柱、摇臂的夹紧或松开是由压力油推动活塞后经菱形块实现。其中由一个油路控制主轴箱和立柱的松开或夹紧，另一油路控制摇臂的松开或夹紧，这两个油路均由电磁阀控制。摇臂的松开或夹紧通过电磁阀单独控制。

四、钻床电气线路分析

（一）主要器件的作用

图 11-2 为 Z3040 摇臂钻床的电气控制原理图，所绘主要器件的作用如下：

TC：一次侧输入 380 V，二次侧输出 127 V，供二次电路接触器、时间继电器、电磁阀线圈使用；36 V，供机床照明使用；6 V，供信号指示灯使用。

SQ1-1：摇臂电动机 2M 上升时的上限位开关。SQ1-2：摇臂电动机 2M 下降时的下限位开关。SQ2：摇臂放松行程开关。SQ3：主轴箱限位开关。SQ4：松紧按钮指示灯的控制。

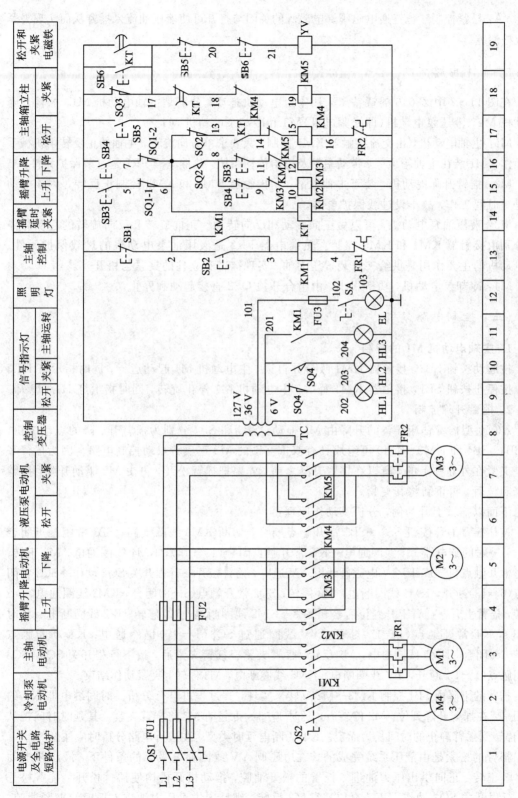

图11-2 Z3050型摇臂钻床电气控制线路原理图

YA：松紧控制二位三通电磁阀。电磁阀的关闭与打开可使液压油流入摇臂从而实现夹紧或放松油腔。

（二）主电路分析

在图 11-2 中 Z3040 摇臂钻床采用 4 台电动机拖动，分别是主轴电动机 M1，摇臂升降电动机 M2，液压泵电动机（即松紧电机）M3 和冷却泵电动机 M4。

M1：主轴电动机，由交流接触器 KM1 控制，只要求单方向旋转，主轴的正反转由机械手柄操作。M1 装在主轴箱顶部，带动主轴及进给传动系统，热继电器 FR1 是过载保护元件。

M2：摇臂升降电动机，装于主轴顶部，用接触器 KM2 和 KM3 控制正反转。因该电动机是短时间工作，故不设过载保护电器。

M3：液压油泵电动机，可以做正向转动和反向转动。正向旋转和反向旋转的起动与停止分别由接触器 KM4 和 KM5 控制。热继电器 FR2 是液压油泵电动机的过载保护元件。该电动机的主要作用是供给夹紧装置压力油、实现摇臂和立柱的夹紧与松开。

M4：冷却泵电动机，功率很小，由组合开关 QS2 直接起动和停止。

（三）控制电路分析

1. 主轴电动机 M1 的控制

按起动按钮 SB2，接触器 KM1 吸合并自锁，主电动机 M1 起动运行，同时指示灯 HL3 亮。按停止按钮 SB1，接触器 KM1 释放，主电动机 M1 停止旋转，同时指示灯 HL3 熄灭。

2. 摇臂升降控制

Z3050 型摇臂钻床摇臂的升降由 M2 拖动，SB3 和 SB4 分别为摇臂升、降的点动按钮，由 SB3、SB4 和 KM2、KM3 可组成具有双重互锁的 M2 正反转点动控制电路。因为摇臂平时是夹紧在外立柱上的，所以在摇臂升降之前，先要把摇臂松开，再由 M2 驱动升降，摇臂升降到位后，再重新将其夹紧。

下面以摇臂上升为例，分析其动作原理：

按住摇臂上升按钮 SB3→SB3 常开触点断开，切断 KM3 线圈支路；SB3 常闭触点闭合（1-5）→时间继电器 KT 线圈通电→KT 常开触点闭合（13-14），KM4 线圈通电，M3 正转；延时常开触点（1-17）闭合，电磁阀线圈 YV 通电，摇臂松开→行程开关 SQ2 动作→SQ2 常闭触点（6-13）断开，KM4 线圈断电，M3 停转；SQ2 常开触点（6-8）闭合，KM2 线圈通电，M2 正转，摇臂上升→摇臂上升到位后松开 SB3→KM2 线圈断电，M2 停转；KT 线圈断电→延时 1～3 s，KT 常开触点（1-17）断开，YV 线圈通过 SQ3（1-17）仍然通电；KT 动断触点（17-18）闭合，KM5 线圈通电，M3 反转，摇臂夹紧→摇臂夹紧后，按下行程开关 SQ3，SQ3 常闭触点（1-17）断开，YV 线圈断电；KM5 线圈断电，M3 停转，夹紧动作结束。

摇臂的下降由 SB4 控制 KM3→M2 反转来实现，其过程可自行分析。时间继电器 KT 的作用是：在摇臂升降到位、M2 停转后，延时 1～3 s 再起动 M3 将摇臂夹紧。其延时时间视从 M2 停转到摇臂静止的时间长短而定。KT 为断电延时类型，在进行电路分析时应注意。

摇臂的松紧是由液压系统完成的。在电磁阀 YV 线圈通电吸合的条件下，液压泵电动机 M3 正转，正向供出压力油进入摇臂的松开油腔，推动松开机构使摇臂松开。摇臂松开后，行程开关 SQ2 动作、SQ3 复位；若 M3 反转，则反向供出压力油进入摇臂的夹紧油腔，推动夹紧机构使摇臂夹紧，摇臂夹紧后，行程开关 SQ3 动作、SQ2 复位。由此可见，摇臂升降的电气控制是与"松紧机构液压-机械系统"(M3 与 YV)的控制配合进行的。

如上所述，摇臂松开由行程开关 SQ2 发出信号，而摇臂夹紧后由行程开关 SQ3 发出信号。

如果夹紧机构的液压系统出现故障，摇臂夹不紧；或者因 SQ3 的位置安装不当，在摇臂已夹紧后 SQ3 仍不能动作，则 SQ3 的动断触点(1—17)长时间不能断开，使液压泵电动机 M3 出现长期过载，因此 M3 须由热继电器 FR2 进行过载保护。

3. 主轴箱和立柱的松紧控制

主轴箱和立柱的松紧是同时进行的，SB5 和 SB6 分别为松开与夹紧控制按钮，由它们点动控制 KM4、KM5，进而控制 M3 的正反转，由于 SB5、SB6 的常开触点(17—20—21)串联在 YV 线圈支路中。操作 SB5、SB6 使 M3 动作的过程中，电磁阀 YV 线圈不吸合，液压泵供出的压力油进入主轴箱和立柱的松开、夹紧油腔，推动松开、夹紧机构实现主轴箱和立柱的松开、夹紧。

同时，由行程开关 SQ4 控制指示灯发出信号：主轴箱和立柱夹紧时，SQ4 的常闭触点(201—202)断开而常开触点(201—203)闭合，指示灯 HL1 灭，HL2 亮；反之，在松开时 SQ4 复位，HL1 亮而 HL2 灭。

4. 冷却泵电动机 M4 的控制

冷却泵电动机 M4 由开关 QS2 进行控制。

5. 辅助电路

辅助电路包括照明和信号指示电路。照明电路的工作电压为安全电压 36 V，信号指示灯的工作电压为 6 V，均由控制变压器 TC 提供。

6. 联锁、保护环节

行程开关 SQ2 实现摇臂松开到位与开始升降的联锁；行程开关 SQ3 实现摇臂完全夹紧与液压泵电动机 M3 停止旋转的联锁。SB5、SB6 常闭触点接入的电磁阀 YV 线圈电路在实现主轴箱与立柱夹紧、松开操作时，压力油不能进入摇臂夹紧油腔的联锁。

摇臂升降的限位保护由行程开关 SQ1 实现，SQ1 有两对动断触点：SQ1-1(5—6)实现上限位保护，SQ1-2(7—6)实现下限位保护。

五、钻床常见电气故障的分析与排除

(一)钻床电气故障分析的方法与步骤

1. 故障分析方法

(1)用试验法观察故障现象，初步判定故障范围。

(2)确定故障范围：从故障现象出发，按线路工作原理进行分析，判断故障发生的可能范围，以便进一步分析，找出故障发生的确切部位。

(3)用测量法确定故障点：对线路设备的外表进行检查，观察接线头是否脱落，接触器线圈有无烧毁等。尚未确定或查出故障点，在断电的情况下，用万用表电阻挡检查元器件的好坏与线路通断情况；在通电情况下，用万用表电压挡检查电压是否正常、三相电压是否平衡等。

2. 故障检修步骤

(1)在操作师傅的指导下，对机床进行操作，了解机床操作状态，以及操作方法。

(2)在教师指导下，熟悉磨床电器元件的布局及其安装情况。

(3)教师在有故障的机床上示范检修，边分析，边检查，直至找出故障点并排除。

（4）教师人为设置自然故障点，指导学生如何从故障现象着手，引导学生独立分析并检修。

（5）教师设置故障，学生逐一检修。

3．注意事项

（1）掌握钻床电气控制原理，熟悉机床操作方法。

（2）务必在已切断电源的情况下才能触摸元器件。

（3）带点测量要经过教师同意，并在教师的监护下进行。

（4）测量时，要注意电路是否存在回路，避免影响测量结果，产生错误判断。

（二）钻床常见电气故障的分析与排除

1．所有电动机均不能起动

机床的所有电动机都不能正常起动时，一般可以断定故障发生在电气路线的公共部分。

（1）检查三相电源是否正常，如发现三相电源有缺相或其他故障现象，则应检查引入机床电源隔离开关 QS1 处的电源是否正常。

（2）检查熔断器 FU1 和 FU2 的熔体是否熔断。

（3）控制变压器 TC 的一次、二次侧绕线的电压是否正常。

2．主轴电动机 M1 的故障

（1）主轴电动机 M1 不能起动。若接触器 KM1 线圈已得电吸合，但主轴电动机 M1 仍不能起动旋转，可检查接触器 KM1 的三副主触点接触是否正常，连接电动机的导线是否脱落或松动。若接触器 KM1 不动作，则故障在控制电路单独控制 KM1 线圈的线路中。

（2）主轴电动机 M1 不能停止。主轴电动机 M2 仍不能停转，多半是由于接触器 KM1 的主触点发生熔焊所造成的。

3．摇臂不能松开

摇臂作升降运动的前提是摇臂必须完全松开。摇臂和主轴箱、立柱的松紧都是通过液压泵电动机 M3 的正反转来实现的，因此先检查一下主轴箱和立柱的松紧是否正常。如果正常，则说明故障不在两者的公共电路中，而在摇臂松开的专用电路上。例如时间继电器 KT 的线圈有无断线，其常开触点（1—17）、（13—14）在闭合时是否接触良好，限位开关 SQ1 的触点 SQ1-1（5—6）、SQ1-2（7—6）有无接触不良，等等。如果主轴箱和立柱的松开也不正常，则故障多发生在接触器 KM4 和液压泵电动机 M3 这部分的电路上。例如 KM4 线圈断线、主触点接触不良、KM5 的常闭互锁触点（14—15）接触不良等。如果是 M3 或 FR2 出现故障，则摇臂、立柱和主轴箱既不能松开，也不能夹紧。

4．摇臂不能升降

除前述摇臂不能松开的原因之外，故障原因可能还有：

（1）行程开关 SQ2 的动作不正常，这是导致摇臂不能升降最常见的故障。例如 SQ2 的安装位置移动，使得摇臂松开后，SQ2 不能动作，或者是液压系统的故障导致摇臂放松不够，SQ2 也不会动作，摇臂就无法升降。SQ2 的位置应结合机械、液压系统进行调整，然后紧固。

（2）摇臂升降电动机 M2、控制其正反转的接触器 KM2、KM3 以及相关电路发生故障，也会造成摇臂不能升降。在排除了其他故障之后，应对此进行检查。

（3）如果摇臂是上升正常而不能下降，或是下降正常而不能上升，则应单独检查相关的电路及电器部件（如按钮开关、接触器、限位开关的有关触点等）。

5．限位保护失灵

对于摇臂上升或下降到极限位置时限位保护失灵的情况，应检查限位保护开关 SQ1，通常是由于 SQ1 损坏或是其安装位置发生了移动。

6. 摇臂升降到位后夹不紧

摇臂夹紧动作的结束是由行程开关 SQ3 来控制的。若摇臂夹不紧，则说明摇臂控制电路能动作，只是夹紧力不够。原因是 SQ3 过早动作使液压泵电动机 M3 在摇臂还未充分夹紧时就停止旋转。这往往是由于 SQ3 安装位置不当或松动移位，过早地被活塞压下所致。

7. 主轴箱与立柱的松紧动作异常

摇臂的松紧动作正常，但主轴箱和立柱的松紧动作不正常应重点检查以下两个方面：

（1）重点检查控制按钮 SB5、SB6，查看其触点有无接触不良，或接线松动。

（2）液压系统出现故障。电气系统正常，而电磁阀芯被卡住，油路堵塞造成控制系统失灵，也会造成摇臂无法移动。

➡ 提 升 练 习

一、填空题

1. 钻孔时，钻头绕本身轴线的旋转运动称为_____。

2. 摇臂升降是采用_____控制。

3. 钻孔时加切削液的主要目的是_____作用。

4. 摇臂升降的限位保护由_____实现，实现上限位保护的是_____，实现下限位保护的是_____。

5. 摇臂夹紧与松开、主轴箱和立柱的加紧与松开是两条供油回路，由电磁阀控制，二者应有_____控制。

6. Z3050 型摇臂钻床具有_____和_____两套液压控制系统。

二、简答题

1. 怎样保证摇臂上升时，摇臂先松开，再上升？

2. 摇臂升降到位后夹不紧的原因是什么？

【技能训练】 Z3050 型摇臂钻床电气控制线路的故障检修

一、训练目的

（1）能读懂 Z3050 型卧式车床电气控制线路原理图。

（2）能根据故障现象判断故障原因并排除。

二、训练器材

模拟机床电气控制柜。

三、训练内容及要求

1. 识读钻床电气控制线路故障图

Z3050 型钻床电气控制线路故障图如图 11-3 所示。

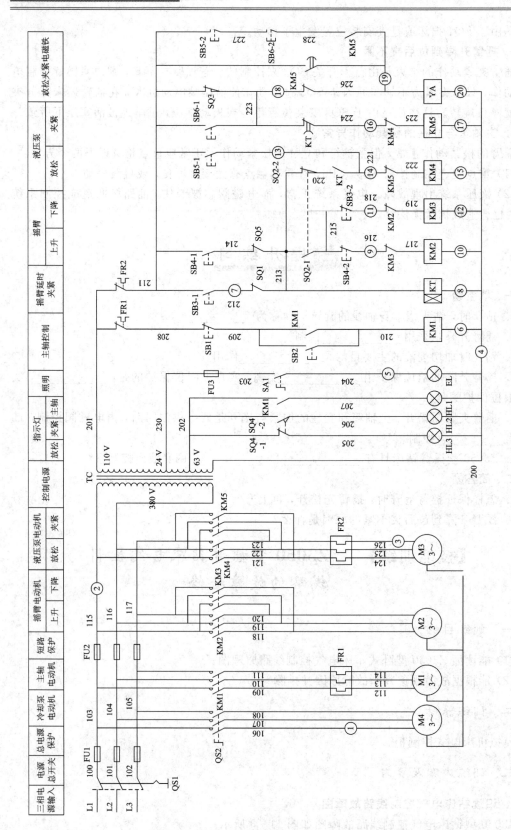

图11-3 Z3050型钻床电气控制线路故障图

故障说明：本摇臂钻床电气控制线路共设 20 处故障，各故障点均由开关控制，"0"位为断开，"1"位为合上。

2. 钻床基本功能操作

根据钻床的加工功能进行钻床的基本操作。通过钻床功能的基本操作，了解正常状态下钻床各电器元件的动作过程和动作顺序，发现故障（非正常）状态下的异常现象或电器元件的非正常状态。正确操作如下：

（1）操作前准备：根据电气控制线路图，把断路故障开关置"1"位。合上电源开关 QS1，机床电气线路进入带电状态，同时电源指示灯 HL2 亮，表示立柱处于夹紧状态。

（2）主轴电动机 M1 控制：按下起动按钮 SB2，接触器 KM1 吸合并自锁，主轴电机 M1 自动运行，同时指示灯 HL1 亮；按下停止按钮 SB1，则接触器 KM1 释放，M1 停止旋转，同时指示灯 HL3 熄灭。

（3）摇臂升降控制：按住上升按钮 SB3，KT 通电吸合，其瞬时闭合的常开触点闭合，KM4 得电，液压油泵电动机 M3 起动正向旋转，表示摇臂松开。同时压 SQ2，使接触器 KM4 失电，M3 停止工作，接触器 KM2 得电，摇臂升降电动机正向旋转，表示摇臂上升。上升到位，松开按钮 SB3，接触器 KM2 和时间继电器 KT 同时断电释放，M2 停止工作，表示摇臂停止上升。经 1～3 s 延时后，KT 延时闭合的常开触点闭合，KM5 吸合，M3 反转，表示摇臂夹紧。同时压 SQ3 使其常闭触点断开，KM5 释放，M3 停止工作，完成了摇臂的松开—下降—上升—夹紧的整套动作。同理，按下降按钮 SB4，完成摇臂松开—下降—夹紧的整套动作。

（4）立柱和主轴的夹紧与松开控制：按液压泵松开按钮 SB5，KM4 得电，液压泵电动机 M3 正向旋转，表示立柱与主轴松开；松开按钮 SB5，KM4 失电，M3 停止正转。当按下按钮 SB6 时，KM5 得电，M3 反转，表示立柱与主轴夹紧，松开按钮 SB6，KM5 失电，M3 停止。

3. 故障分析与排除

在模拟钻床上人为设置故障点（每次 1～2 个故障点）。故障排除步骤如下：

（1）通电试验观察故障现象。

（2）根据故障现象，依据电路图确定故障范围。

（3）采取正确的方法查找故障点并排除故障。

（4）检修完毕进行通电试验，并做好维修记录。

4. 撰写检修报告

完成钻床电气控制线路检修报告，如表 11-1 所示。

表 11-1 钻床控制线路检修报告

机床名称/型号	
故障现象	
故障分析	（针对故障现象，在电气控制线路图分析故障范围或故障点）
故障检修计划	（针对故障现象，简单描述故障检修方法及步骤）
故障排除	（写出具体故障排除步骤及实际故障点编号，并写出故障排除后的试机效果）

四、考核评价

本项目的考核内容及评分要求，如表 11-2 所示。

表 11-2 故障检修评分标准

序号	项目内容	考核要求	评分细则	配分	扣分	得分
1	调查研究	对机床的常见故障进行调查研究	① 排除故障前不进行调查研究，扣 5 分 ② 调查研究不充分，扣 2 分	10 分		
2	故障分析	在电气控制线路图上分析故障可能的原因，思路正确	① 标错故障范围，每个故障点扣 5 分 ② 不能标出最小故障范围，每个故障点扣 3 分	15 分		
3	故障检修计划	编写简明故障检修计划，思路正确	① 遗漏重要检修步骤，扣 3 分 ② 检修步骤顺序颠倒，逻辑不清，扣 2 分	10 分		
4	故障查找与排除	正确使用工具和仪表，找出故障点并排除故障	① 造成短路或熔断器熔断，每次扣 5 分 ② 损坏万用表，扣 5 分 ③ 排除故障的方法选择不当，每次扣 5 分 ④ 排除故障时，产生新的故障且不能自行修复，每个扣 10 分 ⑤ 漏查故障点，每个扣 20 分 ⑥ 每找错一个故障点扣 5 分	40 分		
5	技术文件	维修报告表述清晰，语言简明扼要	检修报告包括机床名称/型号、故障现象、故障分析、故障检修计划、故障排除五个部分，每部分 3 分，记录错误或记录不完整按比例扣分	15 分		
6	安全操作	安全文明规范操作	① 未穿戴防护用品，扣 4 分 ② 检修前未清点工具、仪器、耗材，扣 2 分 ③ 未经验电笔测试前，用手触摸接线端，扣 5 分 ④ 随意摆放工具、耗材和杂物，完成后不清理工位，扣 2～5 分 ⑤ 违规操作，扣 5～10 分	10 分		
	定额时间 180 min	每超过 5 min(包括 5 min 以内)，扣 5 分		成绩		

项目 *12*

X62W 型卧式万能铣床电气控制线路的检修

【学习目标】

（1）进一步掌握电气制图的规则和方法。

（2）能够识读较复杂的电气线路图，能读懂 X62W 铣床的电气原理图，为机床的安装、调试和故障排除做准备。

（3）养成安全操作、规范操作和文明生产的职业素养。

【项目描述】

万能铣床是一种通用的多用途机床，它可以用圆柱铣刀、圆片铣刀、角度铣刀、成形铣刀及端面铣刀等刀具对各种零件进行平面、斜面、螺旋面及成形表面的加工。检修铣床的电气控制线路首先要看懂电气原理图，知道铣床电气系统的安装和调试过程。本项目的主要内容是学习 X62W 型卧式万能铣床的主要结构和运动形式，以及电气控制线路的组成和工作原理，为检修其电气线路的常见故障做好准备。

【知识链接】

一、铣床的主要结构

铣床主要用于加工零件的平面、斜面、沟槽等；安装分度头后，可加工直齿轮或螺旋面；安装回转圆工作台则可加工凸轮和弧形槽。X6132 万能卧式铣床主要构造由床身、悬梁及刀杆支架、工作台、溜板和升降台等部分组成，其外形如图 12-1 所示。（说明：这里我们主要关注可移动部分的结构）

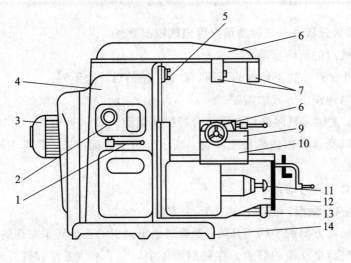

1—主轴变速手柄；
2—主轴变速盘；
3—主轴电动机；
4—床身；
5—主轴；
6—悬架；
7—刀架支杆；
8—工作台；
9—转动部分；
10—溜板；
11—进给变速手柄及变速盘；
12—升降台；
13—进给电动机；
14—底座

图 12-1　铣床结构

箱形的床身 4 固定在底座 14 上，在床身内装有主轴传动机构及主轴变速操纵机构。在床身的顶部有水平导轨，其上装有带着一个或两个刀杆支架的悬梁。刀杆支架用来支承安装铣刀中心轴的一端，而中心轴的另一端则固定在主轴上。在床身的前方有垂直导轨，一端悬挂的升降台可沿导轨上下移动。在升降台上面的水平导轨上，装有可平行于主轴轴线方向移动（横向移动）的溜板 10。工作台 8 可沿溜板上部的转动部分 9 的导轨在垂直与主轴轴线的方向移动（纵向移动）。这样，安装在工作台上的工件可以在三个方向调整位置或完成进给运动。此外，由于转动部分对溜板 10 可绕垂直轴线转动一个角度。这样，工作台于水平面上除能平行或垂直于主轴轴线方向进给外，还能在倾斜方向进给，从而完成铣螺旋槽的加工。

二、电力拖动特点及控制要求

1. 铣床的运动情况认识

（1）主运动：主轴带动铣刀的旋转运动。

（2）进给运动：工件相对于铣刀的移动。工作台的左右、上下和前后进给移动。装上附件圆工作台。工作台用来安装夹具和工件。在横向溜板上的水平导轨上，工作台沿导轨左右移动。在升降台的水平导轨上，使工作台沿导轨前后移动。升降台依靠下面的丝杠，沿床身前面的导轨同工作台一起上下移动。

（3）变速冲动：为了使主轴变速、进给变速时变换后的齿轮能顺利地啮合，主轴变速时主轴电动机应能转动一下，进给变速时进给电动机也应能转动一下。这种电动机稍微转动一下的变速，称为变速冲动。

（4）其他运动：进给方向的快移动运动；工作台上下、前后、左右的手摇移动；回转盘使工作台向左右转动；悬梁及刀杆支架的水平移动。除几个方向的快移运动由电动机拖动外，其余均为手动。

进给速度与快移速度的区别是：进给速度低，快移速度高，在机械方面通过改变传动链来实现。

2. 铣床加工对控制线路要求分析——从运动情况看电气控制要求

（1）主运动——主轴带动铣刀的旋转运动。

机械调速：铣刀直径、工件材料和加工精度的不同，要求主轴的转速也不同。

正反转控制：顺铣和逆铣两种铣削方式的需要。

制动：为了缩短停机时间，主轴停机时采用电磁离合器机械制动。

变速冲动：为使主轴变速时变速器内齿轮易于啮合，减小齿轮端面的冲击，要求主轴电动机在变速时具有变速冲动。

（2）进给运动——工件相对于铣刀的移动。

运动方向：上下（纵向）、左右（横向）和前后（垂直）6 个方向。

实现方法：通过操作选择运动方向的手柄与开关，配合进给电动机的正反转来实现的。

联锁要求：主轴电动机和进给电动机的联锁。在铣削加工中，为了不使工件和铣刀碰撞发生事故，要求进给拖动一定要在铣刀旋转时才能进行，因此要求主轴电动机和进给电动机之间要有可靠的联锁。

（3）纵向、横向、垂直方向与圆工作台的联锁。为了保证机床、刀具的安全，在铣削加工时，只允许工作台做一个方向的进给运动。在使用圆工作台加工时，不允许工件做纵向、横向和垂直方向的进给运动。为此，各方向的进给运动之间应具有联锁环节。

（4）两地控制：便于操作。

（5）冷却润滑要求：铣削加工中，根据不同的工件材料，也为了延长刀具的寿命和提高加工质量，需要添加切削液对工件和刀具进行冷却润滑，而有时又不需要添加切削液，这就需要采用转换开关控制冷却泵电动机做单向旋转。

（6）安全照明电路。

三、铣床电气线路分析

X62W 型卧式万能铣床电气控制线路可分为主电路、控制电路和照明电路三部分。电气原理图，如图 12 - 2 所示。

结合铣床的电气控制原理图，进行电路分析。

（1）电源。采用自动空气开关 QS 作为电源总开关，当电源 QS 闭合时，即可执行主轴电机的各种操作。

（2）照明。变压器 T 将 380 V 交流电变为 36 V 的安全照明电压。

（3）主轴起动。先将转换开关 SA4 扳到主轴所需的转动方向。然后按下起动按钮 SB2，此时，接触器 KM1 接通，主轴电动机起动。

（4）主轴冲动。主轴电机需要经过传动链进行变速时，为了使变速齿轮容易啮合，避免因电机转速过高而打坏齿轮，需使主轴电机瞬间转动。当按下冲动按钮 SQ1 时，接触器

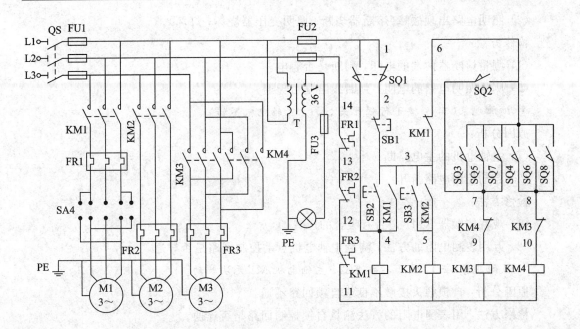

图 12 - 2　铣床电气控制原理图

KM1 接通，主轴电机起动，这时转动变速手柄可得到需要的转速。特点是：冲动按钮 SQ1 按下时，起动按钮 SB2 不起作用。

（5）冷却泵起动。若按下起动按钮 SB3，接触器 KM2 接通，冷却泵电机起动。

（6）停止。按下停止按钮 SB1，同时切断接触器 KM1 和 KM2，主轴电动机和冷却泵电动机停止转动。

（7）工作台进给起动。只有先起动主轴电动机，进给电动机才能起动；若主轴电动机不起动，进给电动机不能起动。

① 上下，前后运动。工作台上下、前后的运动由十字开关操作手柄控制。手柄的联锁机均与微动开关相连接，手柄指向即为工作台的运动方向（上下、前后）。

② 左右运动。工作台的左右运动由控制面板的左右操作杆控制，当操作杆扳向左时工作台向左运动，扳向右时工作台向右运动。

此电路的特点是直观，上下、左右、前后 6 个方向由 6 个行程开关（十字开关操作手柄和操作杆）联锁控制。其中当 SQ3、SQ5、SQ7 常开触头分别接通时，接触器 KM3 吸合，而接触器 KM4 无法接通（此时 SQ4、SQ6、SQ8 常开触头相应断开，并且接触器 KM3 常闭触头断开，形成双重连锁）。同理，当 SQ4、SQ6、SQ8 常开触头分别接通时，接触器 KM4 吸合，而接触器 KM3 无法接通，这就保证了两个对应方向不能同时接通。

四、铣床常见电气故障的分析和排除

•故障现象（一）：合上空气开关，照明灯不亮。

原因分析：

（1）没电。

(2) 照明电路出现故障(熔断器烧断；照明变压器烧坏；灯坏)。

检修方法：

(1) 测量熔断器两端的电压，判断是否有电。

(2) 测量照明电路的电阻，判断线路是否导通。

• 故障现象(二)：按下行程开关 SQ1，主轴电机不转。

原因分析：

(1) 主轴电机的主电路断。

(2) 点动控制电路断开。

检修方法：

(1) 观察接触器 KM1 是否有吸合的声音。

(2) 万用表测电阻的方法，测量主轴电机点动控制回路是否导通。

• 故障现象(三)：按下按钮 SB2，主轴电机 M1 无法长动。

原因分析：自锁触头接触不良或自锁回路不通。

检修方法：用表测电阻的方法测量自锁控制回路是否连通。

• 故障现象(四)：按下按钮 SB3，冷却泵电机 M2 不动。

原因分析：

(1) 冷却泵主电路断开。

(2) 冷却泵控制回路开路。

检修方法：

(1) 观察接触器 KM2 是否有吸合的声音。

(2) 万用表测电阻的方法，测量冷却泵控制回路是否导通。

• 故障现象(五)：按下行程开关 SQ2，工作台进给电机 M3 不点动。

原因分析：

(1) 电机 M3 主电路断。

(2) 点动控制电路断。

检修方法：

(1) 观察接触器 KM3 是否有吸合的声音。

(2) 万用表测电阻的方法，测量工作台点动控制回路是否导通。

• 故障现象(六)：6 次扳动操作杆，工作台进给电动机工作不正常。

原因分析：

(1) 全不动，主控电路开路。

(1) 四动两不动，左控制电路开路。

(3) 两动四不动，右控制电路开路。

(4) 三动三不动，不动的那一支电路开路。

检修方法：逐级测电阻法。

→ **提升练习**

一、填空题

1. 万能铣床的主轴电动机采用_____制动以实现准确停机。

2. 若万能铣床左右、前后、上下 6 个方向的进给运动中，同时只能有一种运动产生，则该铣床采用了机械_____和_____相配合的方式来实现 6 个方向的连锁。

3. 万能铣床主轴电机采用两地控制方式，因此起动按钮的触头是并联，停止按钮的常闭触头是_____。

二、简答题

1. 铣床控制电路中出现圆工作台正常，进给冲动正常，其他进给都不动作的故障现象，试分析产生故障的原因。

2. 铣床控制电路中，接触器 KM1 主触头熔焊后会出现什么后果？

3. 铣床控制线路中有哪些保护环节？它们是如何实现保护的？

4. 照明电路出现故障的原因有哪些？

5. 冷却泵电机只能点动，无法长动的原因有哪些？

【技能训练】　X62W 型卧式万能铣床电气控制线路的故障检修

一、训练目的

(1) 熟悉常用电气元件的作用。

(2) 熟悉各种保护环节在机床电气控制系统中的作用。

(3) 进一步理解典型控制环节在机床控制系统中的应用。

(4) 了解控制线路中故障的检测思路和方法，通过学习能排除常见故障。

二、实训设备

(1) 工具：测电笔、螺钉旋具，斜口钳、剥线钳、电工刀等。

(2) 仪表：万用表、兆欧表。

(3) 器材：X62W 万能铣床电气控制电路实训考核台。

三、训练内容和步骤

1. 铣床电路电器元件的识别与功能分析

X62W 万能铣床电气控制线路故障图如图 12-3 所示。

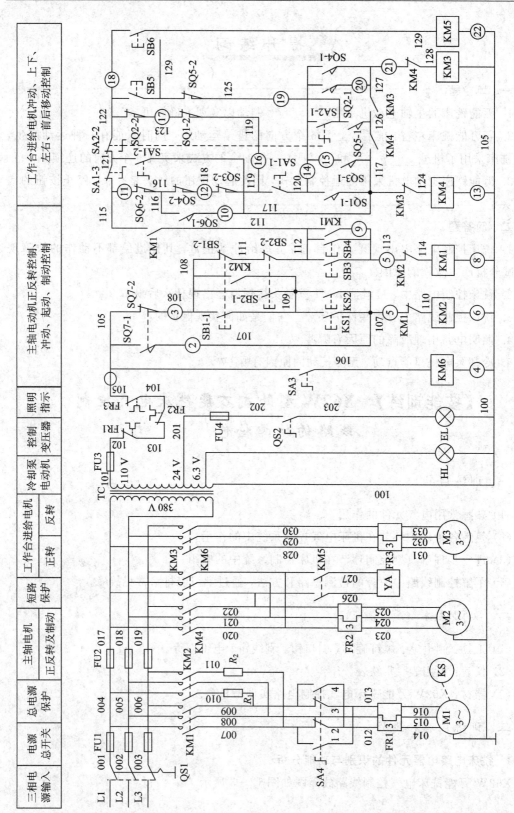

图12-3 铣床电气控制线路故障图

（1）X62W 万能铣床电气控制线路故障说明：本铣床电气控制线路共设断路故障 22 处，各故障点均由故障开关控制"0"位为断开，"1"位为合上。

（2）电器元件的识别与功能分析：参照电气原理图和元件位置图，熟悉铣床电器元件的分布位置和走线情况，熟悉铣床电器元件及其功能。

2. 铣床基本功能操作

根据铣床的加工功能进行铣床的基本操作。通过铣床功能的基本操作，了解正常状态下铣床各电器元件的动作过程和动作顺序，以及发现故障（非正常）状态下的异常现象或电器元件的非正常状态。正常操作如下：

（1）操作前准备：根据电气控制线路图，把断路故障开关置"1"位。合上电源开关 QS1，机床电气线路进入带电状态，同时电源指示灯 HL 亮。

（2）主轴电动机 M1 控制：先将 SA4 扳到主轴电动机需要的旋转方向（正、反），然后按起动按钮 SB3 或 SB4 来起动电动机 M1。此时 KS 常开触点闭合，为主轴电动机的停转制动做好准备。按停止按钮 SB1 或 SB2 切断 KM1 电路，接通 KM2 电路，改变 M1 的电源相序进行串电阻反接制动。当 M1 转速低于 120 r/min 时，KS 的常开触点恢复断开，切断 KM2 电路，M1 停转，制动结束。按 SQ7，SQ7 的常闭触点断开，切断接触器 KM1 线圈的电路，M1 断电；同时 SQ7 的常开触点接通，KM2 线圈得电动作，M1 被反接制动。松开 SQ7 使其复位，M1 停转。再次按 SQ7，M1 反向瞬时冲动一下，于是实现主轴电动机变速时的冲动控制。

（3）工作台进给电动机 M2 的控制：将组合开关 SA 扳到断开位置，使触点 SA1-1 和 SA1-3 闭合，而 SA1-2 断开，再将 SA2 扳到手动位置，使触点 SA2-1 断开，而 SA2-2 闭合，然后起动 M1。这时接触器 KM1 吸合，其触点 KM(112—115)闭合，这样就可以进行工作台的进给控制。按下行程开关 SQ3，M2 反转，表示工作台向上运动或向后运动；按下行程开关 SQ4，M2 正转，表示工作台向下运动或向前运动；按下行程开关 SQ2，M2 反转，表示工作台向左进给运动；按下行程开关 SQ1，M2 正转，表示工作台向右进给运动。M1 起动后工作台按照选定的方向做进给移动时，按下快速进给控制按扭 SB5（或 SB6），使 KM5 通电吸合，电磁铁 YA 通电，表示工作台快速进给运动；当松开按扭，YA 指示灯熄，表示快速进给运动停止。操作行程开关 SQ6，实现进给电动机变速的冲动控制。

3. 故障分析与排除

在模拟铣床上人为设置故障点（每次 1～2 个故障点）。按以下步骤进行检修，直至故障排除。

（1）用通电试验法观察故障现象。

（2）根据故障现象，依据电路图用逻辑分析法确定故障范围。

（3）采取正确的检查方法查找故障点，并排除故障。

（4）检修完毕进行通电试验，并做好维修记录。

4. 撰写检修报告

完成钻床电气控制线路检修报告，如表 12-1 所示。

表 12 − 1　钻床控制线路检修报告

机床名称/型号	
故障现象	
故障分析	（针对故障现象，在电气控制线路图分析故障范围或故障点）
故障检修计划	（针对故障现象，简单描述故障检修方法及步骤）
故障排除	（写出具体故障排除步骤及实际故障点编号，并写出故障排除后的试机效果）

四、考核评价

本项目的考核内容及评分要求，如表 12-2 所示。

表 12-2　考核评价表

序号	项目内容	考核要求	配分	扣分	得分
1	调查研究	排除故障前不进行调查研究扣 5 分	5 分		
2	故障分析	① 错标或未标出故障范围，每个故障点扣 10 分 ② 不能标出最小的故障范围，每个故障点扣 5 分	40 分		
3	故障排除	① 排除故障中思路不清晰，每个故障点扣 5 分 ② 少查出一个故障点，扣 5 分 ③ 少排除一个故障点，扣 10 分 ④ 排故方法不正确，每个扣 10 分	40 分		
4	其他	① 排故时，产生新故障，扣 10 分 ② 损坏电机，扣 15 分	15 分		
5	安全文明操作	违反安全文明生产规程，扣 5 至 40 分			
6	定额时间 45 min	每超时 5 min 扣 5 分			
7	备注	除定额时间外，各项目的最高扣分不应超过配分			
8	否定项	发生重大责任事故，严重违反教学纪律者得 0 分			
开始时间		结束时间		实际时间	

项目 13

T68 型镗床电气控制线路的检修

【学习目标】

(1) 了解 T68 镗床的主要结构、运动形式。

(2) 掌握 T68 镗床电气控制电路的工作原理、电气接线以及调试技能。

(3) 掌握 T68 镗床电气控制线路故障的分析和排除方法，并养成安全操作、规范操作和文明生产的职业素养。

【项目描述】

T68 镗床主要用于加工精确的孔和各孔间的距离要求较为精确的零件。本项目要求掌握 T68 镗床的主要结构和电力拖动特点；在分析 T68 镗床电气控制电路时，能熟练使用仪表、工具等对机床电气控制电路进行有针对性的检查、测试和维修；学会根据电气原理图分析和排除故障，初步掌握一般机床电气设备的调试、故障分析和排除故障的方法。

【知识链接】

一、镗床的主要结构

图 13-1 是 T68 镗床的结构。床身是一个整体铸件，在它的一端固定有前立柱，在前立柱的垂直导轨上又安装有镗头架，镗头架可沿垂直导轨上下移动。在镗头架里集中安装有主轴、变速箱、进给箱和操纵机构等部件。切削刀具一般安装在镗轴前端的锥形孔里，也可安装在花盘的刀具溜板上。在切削过程中，镗轴一面旋转，一面沿轴向做进给运动，

而花盘只能旋转,装在它上面的刀具溜板可做垂直主轴轴线方向的径向进给运动。镗轴和花盘轴分别通过各自的传动链传动,可以独立转动。后立柱位于镗床床身的另一端,后立柱上的尾座用来支撑装在镗轴上的镗杆末端,它与镗头架同时升降,两者的轴线始终在同一水平直线上。根据镗杆的长短,通过后立柱沿床身水平导轨的移动可调整前、后立柱之间的距离。

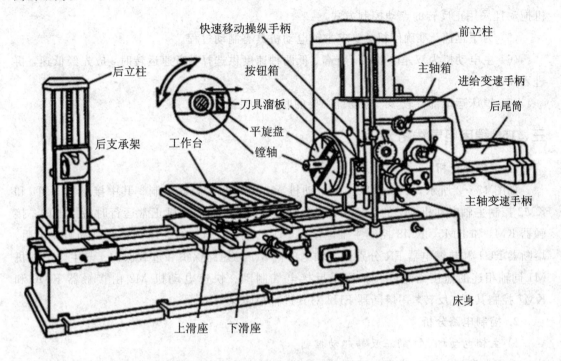

图 13-1 T68 镗床的结构

通过以上分析可知,T68 型卧式镗床运动形式如下:

(1)主运动:镗轴和花盘的旋转运动。

(2)进给运动:镗轴上的轴向进给、花盘上刀具的径向进给、镗头架的垂直进给、工作台的横向和纵向进给。

(3)辅助运动:工作台的回转、后立柱的轴向水平移动、尾座的垂直移动及各部分的快速移动。

二、电力拖动特点及控制要求

1. 电力拖动情况

T68 型卧式镗床由两台电动机拖动:主轴电动机 M1 和快速转动电动机 M2。主轴电动机 M1 用来驱动镗轴或花盘的旋转,并通过变速箱的传动使镗轴、花盘、工作台及镗头架产生进给运动。调整尾座或工作台相对位置的快速移动电动机 M2 用来拖动镗床运动。

2. 电力拖动特点

(1)卧式镗床的主运动与进给运动由一台电动机拖动。主轴拖动要求恒功率调速,且要求能正反转，一般采用双速三相笼型异步电动机来拖动镗床运动。

（2）为了满足加工过程调整工件的需要，主轴电动机应能实现正反转的点动控制。

（3）主轴及进给变速可在开车前进行预选，也可以在工作进程中进行变速。为了便于齿轮之间的啮合，应有变速冲动。

（4）为缩短辅助时间，机床各运动部件应能实现快速移动，并由单独的快速移动电动机拖动且采用正反转的点动控制方式。

（5）为了迅速、准确停机，要求主轴电动机具有制动过程。

（6）主电动机为双速电动机，有高、低两种速度供选择，高速运转时，应先经低速，再进入高速。

（7）镗床运动部件较多，应设置必要的联锁及保护环节。

三、T68 镗床电气线路分析

1. 主电路分析

如图 13 - 2 所示，T68 镗床主轴电动机 M1 由 6 个接触器控制。其中接触器 KM1 和 KM2 控制主轴电动机 M1 的正反转；接触器 KM3 在主轴电动机正常运行时短接电阻；接触器 KM4 和 KM5、KM8 控制主轴电动机 M1 的低、高速运行。R 为反接制动限流电阻。熔断器 FU1 和热继电器 FR 分别作主轴电动机 M1 的短路保护和过载保护。与主轴电动机 M1 同轴相连的速度继电器 KS 用于反接电气制动。快速电动机 M2 由接触器 KM6 和 KM7 控制其正、反转，用熔断器 FU2 对其进行短路保护。

2. 控制电路分析

1）主轴电动机 M1 的正反转起动控制

合上电源开关 QS，指示灯 HL 亮，表明电源接通。当主运动和进给运动都处于非变速状态时，各自的变速手柄使行程开关 SQ1、SQ3 受压，而行程开关 SQ2、SQ4 不受压。

当要求主轴低速运行时，将速度选择手柄置于低速挡，此时与速度选择手柄有关联的行程开关 SQ 不受压，SQ 触头断开。若使主轴电动机 M1 正向运行，可按下正转起动按钮 SB1。此时，中间继电器 KA1 通电并自锁，KA1 常开触头闭合，使接触器 KM3 通电，短接电阻 R，KA1 常开触头闭合，使得接触器 KM1、KM6 相继通电。主轴电动机 M1 在△接法下全压起动并运行（低速）。此时，KA1、KM1、KM3、KM6 通电。

KM1 线圈的通电电流通路为：1→FU3(1 — 2)→2→FR(2 — 3)常闭触点→3→SQ5(3 — 4)常闭触点→4→SB5(4 — 5)常闭触点→5→KM3(5 — 18)常开触点→18→KA1(18 — 15)常开触点→15→KM2(15 — 16)常闭触点→16→KM1 线圈→PE。

KM6 线圈的通电电流线路为：1→FU3(1 — 2)→2→FR(2 — 3)常闭触点→3→SQ5(3 — 4)常闭触点→4→KM1(4 — 14)常开触点→14→KT(14 — 21)常闭触点→21→KM7(21 — 22)常闭触点→22→KM6 线圈→PE。

主轴电动机 M1 低速反向起动时，按下反转起动按钮 SB2(5 — 8)。此时，中间继电器 KA2 通电并自锁，过程与正向起动类似。

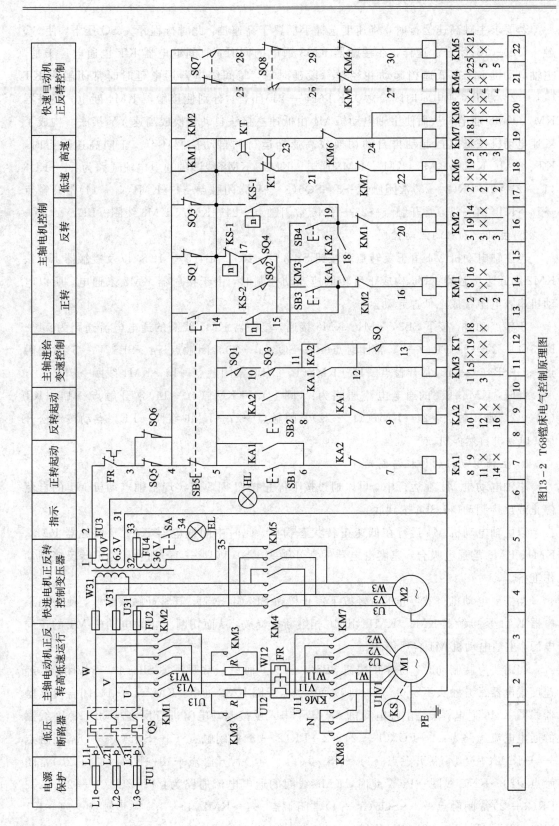

图13-2 T68镗床电气控制原理图

若要求主轴高速运行时,将速度选择手柄置于高速挡,此时行程开关 SQ 压下,使 SQ 触头(12 — 13)闭合。这样,在接触器 KM3 通电的同时,时间继电器 KT 也通电。于是,主轴电动机 M1 在低速挡起动并经过一段延时后,时间继电器通电延时时常闭触头 KT (14 — 23)断开,通电延时闭合触头 KT(14 — 21)闭合,分别使接触器 KM4 断电,接触器 KM7、KM8 通电。从而使主轴电动机 M1 由低速△接法自动切换成高速 YY 接法。构成了双速电动机按低速挡起动再自动切换成高速挡运行的自动控制环节。正向高速运行时,KT、KA1、KM1、KM3、KM7、KM8 通电。KM7、KM8 线圈的通电电流通路为:1→FU3 (1 — 2)→2→FR(2 — 3)常闭触点→3→SQ5(3 — 4)常闭触点→4→KM1(4 — 14)常开触点 →14→KT(14 — 23)常开触点→23→KM6 常闭触点→24→KM7、KM8 线圈→PE。

2) 主轴电动机的点动控制

当主轴电动机 M1 由正反转点动按钮 SB3(5 — 15)、SB4(5 — 19),以及接触器 KM1、KM2 和低速接触器 KM4 构成正反转低速点动控制时,由于接触器 KM3 未通电,所以电动机串入电阻接成△低速起动。

正转点动时,按下 SB3,KM1、KM6 接通,接触器 KM1 线圈的通电电流通路为:1→FU3(1 — 2)→2→FR(2 — 3)常闭触点→3→SQ5(3 — 4)常闭触点→4→SB5(4 — 5)常闭触点→5→SB3(5 — 15)常开触点→15→KM2(15 — 16)常闭触点→16→KM1 线圈→PE。

此时,KM6 线圈的通电电流通路为:(同上)4→KM1(4 — 14)常开触点→14→KT (14 — 21)常闭触点→21→KM7(21 — 22)常闭触点→22→KM6 线圈→PE。点动按钮松开后,电动机自然停机。

3) 主轴电动机的停机与制动

主轴电动机 M1 在运行中,可以通过按下停止按钮 SB5 来实现主轴电动机 M1 的自然停止或反接制动(将 SB5 按到底)。

以主轴电动机 M1 运行在低速正转状态为例,此时中间继电器 KA1 及接触器 KM3、KM1、KM6 均通电吸合,速度继电器的常开触头 KS - 1(14 — 19)闭合,为正转反接制动作准备。

当需要电动机自然停止时,轻按下停止按钮 SB5(4 — 5),其常开触头断开,使中间继电器 KA1 及接触器 KM3、KM1、KM6 相继断电释放,从而切断了主轴电动机 M1 的正向电源,主轴电动机 M1 自然停止。

当需要反接制动时,将停止按钮 SB5(4 — 5),而另一常开触头 SB5(4 — 14)闭合,经速度继电器常开触头 KS - 1(14 — 19)使接触器线圈 KM2 通电,KM2(4 — 14)闭合使接触器线圈 KM6 通电,于是主轴电动机 M1 定子串入反接制动电阻进行反接制动。KM2 线圈的通电电流通路为:1→FU3(1 — 2)→2→FR(2 — 3)常闭触点→3→SQ5(3 — 4)常闭触点→4→KM2(4 — 14)常开触点→14→KS - 1(14 — 19)常开触点→19→KM1(19 — 20)常闭触点20→KM2 线圈→PE。此时,KM6 线圈的通电电流通路为:1→FU3(1 — 2)→2→FR(2 — 3)常闭触点→3→SQ5(3 — 4)常闭触点→4→KM2(4 — 14)常开触点→14→KT (14 — 21)常闭触点→21→KM7(21 — 22)常闭触点→22→KM6 线圈→PE。

当电动机转速降低至速度继电器 KS 的释放值($n<100$ r/min) 时，其常开触头 KS-1 (14—19)断开，使接触器 KM2、KM6 相继断电，反接制动结束。

若主轴电动机 M1 已运行在高速正转状态下，按下停止按钮 SB5，可实现自然停机和反接制动停机。反接制动时，SB5(4—5)断开，中间继电器 KA1、接触器 KM3、时间继电器 KT、接触器 KM1、接触器 KM7、KM8 相继断电，SB5(4—14)闭合则使接触器 KM2 通电，接触器 KM6 通电。于是主轴电动机 M1 串入反接制动电阻，绕组接成△接法，进行低速反接制动，直至速度继电器常开触头 KS-1(14—19)释放，反接制动结束。电流通路同上。要注意的是：在进行制动停机操作时，应该将停止按钮 SB5 按到底，否则将无法接通反接制动回路，只能实现停机。

4）主运动和进给运动的变速控制

T68 型卧式镗床主运动和进给运动的变速是通过变速操纵盘实现的。利用此操纵盘既可以在主轴和进给电动机未起动前预选速度，也可以在运行中进行变速。

主轴变速时，首先将变速操纵盘上的主轴变速操纵手柄向外拉出，然后转动主轴变速盘，选择所需要的速度，最后将变速操纵手柄推回原位。在拉出变速操纵手柄的时候，行程开关 SQ2 受压，而行程开关 SQ1 释放。推回手柄时的情况正好相反。

若主轴在正转运行中需要变速，可将主轴变速操纵手柄向外拉出，这时行程开关 SQ1 不再受压，其常开触头 SQ1(5—10)断开接触器 KM3、KM1，接触器 KM2 经行程开关 SQ1(4—14)的常闭触头、速度继电器常开触头 KS-1(14—19)而通电吸合，使主轴电动机 M1 定子串入电阻 R 进行反接制动。接触器 KM2 线圈的通电电流通路为：1→FU3(1—2) →2→FR(2—3)常闭触点→3→SQ5(3—4)常闭触点→4→SQ1-1(4—14)常开触点→14 →KS-1(14—19)常开触点→19→KM1(19—20)常闭触点→20→KM2 线圈→PE。若主轴电动机 M1 原来运行在低速挡，则此时接触器 KM4 仍保持通电，接触器 KM3、KM1 断电，接触器 KM2 通电，主轴电动机 M1 接成△，串入电阻 R 进行反接制动。若主轴电动机 M1 原来运行在高速挡，则此时有时间继电器 KT 的触头将绕组 YY 连接自动切换成△接法，低速串入电阻 R 进行反接制动。随后转动变速盘，选择所需要的速度，最后将变速操纵手柄推回原位。

如果变速齿轮不能啮合而造成变速手柄推不动，则此时行程开关 SQ2 受压，其常开触头 SQ2(17—15)闭合，接触器 KM1 经速度继电器常闭触头 KS-1(14—17)、行程开关 SQ1 常闭触头(4—14)接通电源，同时接触器 KM4 通电，使主轴电动机 M1 定子串入电阻 R，绕组接成△在低速挡起动。接触器 KM1 线圈的通电电流通路为：1→FU3(1—2)→ 2→FR(2—3)常闭触点→3→SQ5(3—4)常闭触点→4→SQ1(4—14)常闭触点→14→ KS-2(14—17)常闭触点→17→SQ2(17—15)常开触点→15→KM2(15—16)常闭触点→ 16→KM1 线圈→PE。

当转速升到速度继电器 KS-1 的动作值时，其常闭触头 KS-2(14—17)断开，使接触器 KM1 断电释放；另一速度继电器常开触头 KS-1(14—19)闭合，使接触器 KM2 通电吸合，对主轴电动机 M1 进行反接制动，使转速下降。当到达速度继电器 KS-1 的释放值时，其常开触头 KS-1(14—19)断开，常闭触头 KS-1(14—17)闭合，反接制动结束。

若此时变速操纵手柄仍然推不回去，则控制电路继续重复上述过程，从而使主轴电动机 M1 处于间歇起动和制动状态，获得变速时的低速冲动，利于齿轮啮合，直到变速操纵手柄能推回原位为止。当手柄推回原位后，按下行程开关 SQ1，而行程开关 SQ2 释放，整个变速过程完成。此时行程开关 SQ2 的常开触头(17—15)断开上述瞬动控制电路，而行程开关 SQ1 的常开触头(5—10)闭合，使接触器 KM3、KM1 相继通电吸合，主轴电动机 M1 自行起动，拖动主轴在新选定的转速下旋转。

在进给变速时，首先将进给变速操纵手柄向外拉出，然后转动进给变速盘，选择所需要的进给速度，最后将变速操纵手柄推回原位。在拉出变速操纵手柄时，行程开关 SQ3 释放，而行程开关 SQ4 受压。推回手柄时的压合情况正好相反。如果变速齿轮不能啮合而造成进给变速手柄推不动，则主轴电动机 M1 处于间歇起动和制动状态，获得变速时的低速冲动，直到变速操纵手柄能推回原位为止。整个过程和主轴变速控制相同，其控制电路这里不再另行叙述。由于变速过程中 KA1 或 KA2 一直保持自锁，从而记忆了变速前的主轴方向，保证变速后 M1 仍按原来的方向起动运转。

5）镗头架、工作台快速移动的控制

镗头架和工作台等部件各方向的快速移动由快速移动电动机 M2 拖动，通过快速移动操作手柄来控制，而移动方向则由位于工作台前方的操作手柄进行预选。当扳动快速操作手柄时，行程开关 SQ7 或 SQ8 被压合，接触器 KM4 或 KM5 通电，使快速移动电动机 M2 旋转而实现快速移动。当快速操作手柄复位时，行程开关 SQ7 或 SQ8 不再受压，接触器 KM4 或 KM5 断电释放，快速移动电动机 M2 停止旋转，快速移动过程结束。

四、T68 镗床常见电气故障的分析和排除

• 故障现象(一)：主轴电动机 M1 不能起动 T68 镗床。

故障原因：主轴电动机 M1 是双速电动机，正反转控制不可能同时损坏。熔断器 FU1、FU2、FU4 的其中之一有熔断，自动快速进给、主轴进给操作手柄的位置不正确，压合 SQ1、SQ2 动作，热继电器 FR 动作，使电动机不能起动。

排除方法：查熔断器 FU1 熔体已熔断。查电路无短路，更换熔体，故障排除。(查 FU1 已熔断，说明电路中有大电流冲击，故障主要集中在 M1 主电路上)。

• 故障现象(二)：主轴电动机只有高速挡，没有低速挡。

故障原因：接触器 KM4 已损坏；接触器 KM5 动断触点损坏；时间继电器 KT 延时断开动断触点坏了；SQ 一直处于通的状态，主轴电动机只有高速。

排除方法：查接触器 KM4 线圈已损坏，更换接触器，故障排除。

• 故障现象(三)：只有低速挡，没有高速挡。

故障原因：时间继电器 KT 是控制主轴电动机从低速向高速转换的。时间继电器 KT 不动作；或行程开关 SQ 安装的位置移动；SQ 一直处于断的状态；接触器 KM5 损坏；KM4 动断触点损坏。

排除方法：查接触器 KM5 线圈完好，查接触器 KM5 线圈（181 号）线与 KM4 动断触点（180 号）线间电阻为无穷大（已开路），更换导线，故障排除。

• 故障现象（四）：主轴变速手柄拉出后，主轴电动机不能冲动；或变速完毕，合上手柄后，主轴电动机不能自动开机。

故障原因：位置开关 SQ3、SQ6 质量方面的问题，由绝缘击穿引起短路而接通后电动机无法变速。

排除方法：将主轴变速操作盘的操作手柄拉出，主轴电动机不停止。断电后，查 SQ4 的动合触点不能断开，更换 SQ3，故障排除。

• 故障现象（五）：主轴电动机 M1、进给电动机 M2 都不工作。

故障原因：熔断器 FU1、FU2、FU4 熔断，变压器 TC 损坏。

排除方法：查看照明灯工作正常，说明 FU1、FU2 未熔断。在断电情况下，查 FU4 已熔断，更换熔断器，故障排除。

• 故障现象（六）：主轴电机不能点动工作。

故障原因：SB1（100 号）线至 SB4 或 SB5（150 号）线断路。

排除方法：查 40 号线断路，给予复原即可。

• 故障现象（七）：只有低速，没有高速。

故障原因：时间继电器 KT 损坏；KM4 动断触点损坏；KM5 线圈损坏。

排除方法：查 KM5 线圈、KM4 动断触点正常，时间继电器 KT 延时闭合，动合触点不通，更换微动开关，故障排除。

• 故障现象（八）：点动可以工作，直接操作 SB2、SB3 按钮却不能起动。

故障原因：接触器 KM3 线圈或动合辅助触点损坏。

排除方法：查接触器 KM3 线圈损坏，更换接触器，电路恢复工作。

• 故障现象（九）：进给电动机 M2 快速移动正常，主轴电动机 M1 不工作。

故障原因：热继电器 FR 动断触点断开。

排除方法：查热继电器 FR 动断触点已烧坏，但不要急于更换，一定要查明原因。

• 故障现象（十）：主轴电动机 M1 工作正常，进给电动机 M2 缺相。

故障原因：熔断器 FU2 中有一个熔体熔断。KM6、KM7 同时损坏造成缺相的现象不多见。

排除方法：查 FU2 熔体熔断，更换熔体，故障排除。

注意：若有一个方向工作正常，故障必然在接触器 KM6 或 KM7 的主触点。

• 故障现象（十一）：正向起动正常，反向无制动，且反向起动不正常。

故障原因：若反向也不能起动，则故障在 KM1 动断触点，或在 KM2 线圈，或为 KM2 主触点接触不良，以及 SR2 触点未闭合。

排除方法：查 KM1 线圈正常，速度继电器 SR2 动合触点良好。查 KM1 动断触点接触不良，修复触点，故障排除。

• 故障现象（十二）：变速时，电动机不能停止。

故障原因：位置开关 SQ3 或 SQ4 动合触点短接。

排除方法：拉出变速手柄，查位置开关 SQ3 正常，SQ4 动合触点的电阻很小，更换位置开关 SQ4，故障排除。

➡ 提升练习

一、填空题

1. T68 镗床的主轴要求快速而准确的制动，常用的制动方法为＿＿＿＿＿＿＿＿。

2. T68 镗床主电动机为双速电机，有高低两种速度供选择，高速运动时应该先＿＿＿＿＿＿速起动。

3. T68 镗床工作台进给电机的正反转控制都设有＿＿＿＿＿＿控制环节，保证电机同一个时刻只能在一个方向上运转。

二、简答题

1. 在 T68 镗床电气控制电路中，接通电源后主轴电动机马上运转，试分析故障原因。

2. T68 镗床中主轴电动机电气控制具有哪些特点？

【技能训练】 T68 型镗床电气控制线路的故障检修

一、训练目的

(1) 熟悉常用电气元件的作用。

(2) 熟悉各种保护环节在机床电气控制系统中的作用。

(3) 进一步理解典型控制环节在机床控制系统中的应用。

(4) 了解控制线路中故障的检测思路和方法，通过学习能排除常见故障。

二、实训设备

(1) 工具：测电笔、螺钉旋具，斜口钳、剥线钳、电工刀等。

(2) 仪表：万用表、兆欧表。

(3) 器材：T68 镗床电气控制电路实训考核台。

三、训练内容和步骤

T68 镗床电气故障线路图如图 13-3 所示。

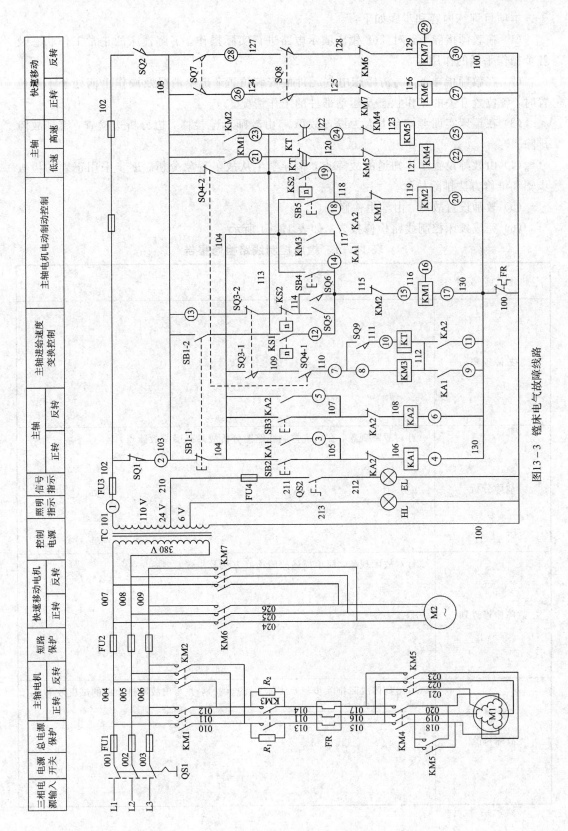

图13－3 镗床电气故障线路

本项目训练内容和步骤如下：

（1）在教师指导下，对 T68 镗床演示电路进行实际操作，了解镗床的正常工作状态及各个操作手柄的作用。

（2）在教师指导下，弄清镗床电气元件的安装位置、走线情况及操作手柄处于不同位置时，各位置开关的工作状态及运动部件的工作情况。

（3）在镗床实训考核台上人为设置故障，由教师示范检修，边分析边检查，直到故障排除。

（4）由教师设置学生知道的故障点，指导学生从故障现象分析，逐步采用正确的检查步骤和维修方法排除故障。

（5）教师设置故障，由学生检修。

（6）完成镗床控制线路检修报告，如表 13-1 所示。

表 13-1 镗床控制线路检修报告

机床名称/型号	
故障现象	
故障分析	（针对故障现象，在电气控制线路图分析故障范围或故障点）
故障检修计划	（针对故障现象，简单描述故障检修方法及步骤）
故障排除	（写出具体故障排除步骤及实际故障点编号，并写出故障排除后的试机效果）

四、考核评价

本项目的考核内容及评分要求，如表 13 - 2 所示。

表 13 - 2　考核评价表

序号	项目内容	考核要求	配分	扣分	得分
1	调查研究	排除故障前不进行调查研究扣 5 分	5 分		
2	故障分析	① 错标或未标出故障范围，每个故障点扣 10 分 ② 不能标出最小的故障范围，每个故障点扣 5 分	40 分		
3	故障排除	① 排除故障中思路不清晰，每个故障点扣 5 分 ② 少查出一个故障点，扣 5 分 ③ 少排除一个故障点，扣 10 分 ④ 排故方法不正确，每个扣 10 分	40 分		
4	其他	① 排故时，产生新故障，扣 10 分 ② 损坏电机，扣 15 分	15 分		
5	安全文明操作	违反安全文明生产规程，扣 5 至 40 分			
6	定额时间 45 min	每超时 5 min 扣 5 分			
7	备注	除定额时间外，各项目的最高扣分不应超过配分			
8	否定项	发生重大责任事故，严重违反教学纪律者得 0 分			
开始时间		结束时间		实际时间	

参 考 文 献

[1] 许翏，王淑英. 电气控制与 PLC 应用. 4 版. 北京：机械工业出版社，2010.

[2] 唐惠龙，牟宏钧. 电机与电气控制技术项目式教程. 北京：机械工业出版社，2012.

[3] 唐立伟，等. 电机与电气控制项目化教程. 2 版. 南京：南京大学出版社，2016.

[4] 张明金. 电机与电气控制技术项目教程. 北京：机械工业出版社，2015.

[5] 刘新宇. 电气控制技术基础及应用. 北京：中国电力出版社，2010.

[6] 田淑珍. 电机与电气控制技术. 北京：机械工业出版社，2011.